# König Herodes.

Tragödie in fünf Acten

von

Bernhard von Lepel.

Berlin.
Druck und Verlag von Georg Reimer.
1860.

# Personen:

Herodes, König in Judäa.
Mariamne, Enkelin des früheren Königs Hyrkan, aus dem Hause der Maccabäer, seine Gemahlin.
Alexander, } ihre Söhne.
Aristo, }
Antipater, Sohn des Herodes aus früherer Ehe.
Antipas, } desgl. (stumme Personen).
Philippus, }
Salome, Herodes Schwester.
Aristobul, Bruder der Mariamne.
Alexandra, ihre Mutter.
Archelaos, König von Cappadocien.
Glaphyra, seine Tochter.
Schamai, Haupt der Pharisäer.
Elieser, } jüngere Pharisäer.
Gamaliel, }
Hanna, Prophetin.
Joab, ein Hauptmann.
Boas, Arzt, ein Essäer.
Ein Abgesandter des Augustus.
Bürger von Jerusalem.
Glaphyra's und Mariamnens Frauen.
Boten, Heerführer, Bewaffnete, Priester, Diener, Sclaven, Volk.

Zeit: Um Christi Geburt.
Ort: Jerusalem, Ascalon und am todten Meer.

---

# Erster Act.

Abend. Hohes Felsufer am todten Meer.

## Erster Auftritt.

(Antipater von der linken Seite kommend. Ihm folgt Schamai mit verbundenen Augen, von Bewaffneten geführt.)

**Antipater.**

Dorthin mit ihm! Auf jenen Fels!

(Schamai wird an den Felsrand auf der rechten Seite der Bühne geführt)

Wo stehst
Du jetzt, Prophet? Sag' an!

**Schamai.**

Vor Gott, dem Herrn.

**Antipater.**

Der hat nicht Platz dort, da ein tiefer Abgrund
Vor deinem Fuß. — Hinweg die Binde!

(Die Binde wird ihm abgenommen)

Zittre!
Kennst du das todte Meer, das vor dem Fels
Tief unter dir sich dehnt?! — Jetzt widerruf'
Was du geweissagt. In die Tiefe schleudert
Mein Fuß dich sonst. Dort unten magst du sehn
Was man in Sodom und Gomorra treibt.

**Schamai.**

Was mir der Herr kund that, nicht widerruf' ich's.

**Antipater.**

Der Herr? Dein Hirn hat dies Gespinst gewoben,

Darum zerschmettr' ich dir's an diesen Felsen!
(Zu den Bewaffneten) Er will nicht widerrufen. Ihr seid Zeugen.
Hinunter!

## Zweiter Auftritt.

(Herodes tritt auf mit Jagdgefolge.)

**Herodes.**

Was geschieht hier?
(zu Antipater) Seh' ich dich,
Mein Sohn?

**Antipater.**

Erhabner König, dieser Greis
Streut in Jerusalem Empörung aus.
Schmachvollen Fall vom Thron weissagt er dir,
Und deiner Vaterhand den Mord der Söhne.
Ich drang auf seinen Widerruf —

**Herodes.**

Halt ein!
Des Alters Thorheit lenkt nur seine Zunge.

**Schamai.**

Vernimm, Tyrann, was meine Zunge lenkt.
Herodes' Haus wird fallen, würgen wird
Er seine Kinder, aber ein heil'ger König,
Vom Herrn gesalbt, steigt dann auf Israels
Nicht mehr befleckten Thron.
Du aber wirst, weil Feuer dir den Leib
Durchwühlt, dich krümmen, wie ein Wurm, ja wirst
Von deiner Pein Erlösung suchend, einst
Nach dieses Abgrunds Kühle noch verschmachten.

**Herodes.**

Das klingt gefährlich, Alter! Verkünde mir
Ein bessres Loos, — sonst möcht' ich doch —

Antipater.

Laß mich

Von dieser Bosheit, Herr, dein Ohr befrein.

Herodes.

Halt ein, mein Sohn. (Zu Schamai) Wie nennst du dich?

Schamai.

Schamai!

Herodes. (Ihm näher tretend)

Er ist's!

(Zu Antipater leise) Welch unbesonnener Streich! Das Haupt
Des hohen Rathes ohne Spruch zu tödten!

Antipater.

Vergieb — das Haupt der Schlange wollt' ich treffen —

Schamai. (zu Herodes)

Ja leih' ihm nur dein Ohr, betrogner Vater!

Herodes.

Betrogen!

Antipater.

Wie!

Schamai.

Von deinem Sohn! — Er schleppt
Mich an des Todes Rand. Glaubst du, er thut's
Weil meine Weissagung sein Ohr verletzt?
Er spottet drob, wie du. Ein Andres zeugt
In ihm den Wunsch, den Schamai's Mund stumm
Zu machen: weil ich manch Geheimniß weiß,
Das deinem Ohr niemals begegnen sollte —

(näher an Herodes tretend)

Ihn reizt dein Thron, und neidisch blickt er auf
Die Erben, die Mariamne dir gebar.

Antipater.

So löst das Räthsel sich? Verzeih', o Herr,

Daß es mich lachen macht. Doch glaub' ich, zollst
Auch du dem Weisen in Israel viel Dank
Für diese Neuigkeit.

**Schamai.**

Du sandtest sie
Nach Rom, wo ihre Jugend schlecht gedeiht.
Er aber will vor ihrer Wiederkehr
Der Herrschaft Zügel fassen, — wär's auch durch
Des Vaters Tod — durch Gift!

**Herodes.**

Genug!

**Antipater.** (zu Schamai)

Du bist
Für ihn ein schleichend Gift!

**Schamai.**

Ich kann's beweisen!

**Herodes.**

Halt ein! Ich kenn' euch, Pharisäer! Nicht
Genug, daß auf des Königs hohen Pfad
Ihr Steine schleppt und ihm sein Amt erschwert,
Auch seines Hauses Glück mißgönnt ihr ihm,
Schleicht euch hinein, wie Diebe, da ich's euch
Verschloß. Was Eures Mundes düstrer Hauch
Berührt, das ist geschwärzt. Er ist mein Sohn,
Und mein Vertrau'n — Ihr raubt's ihm nicht. — Du hast
Den Tod verdient, — ich schenke dir das Leben,
Mich dünkt — zum zweiten Mal.

**Schamai.**

Ich warnte schon
Vor dir den Rath, eh' du den Thron bestiegst,
Sagt' ihm voraus, du werdest ihn besteigen —
Und diese Weissagung, sie ist erfüllt.

Herodes.

Als ich die Häupter des Raths hinrichten ließ,
Da schont' ich deiner, weil ich Mannesmuth
Zu ehren weiß. Ich thu's zum zweiten Mal!
Beim dritten — hüte dich!

Schamai.

Beherrscher Israels! Des Mannes Muth,
Der Menschen trotzt, ehrst du; ehr' auch die Furcht
Des Mann's vor Gott dem Herrn — und fürcht' ihn selbst.

Herodes.

Ich ehr' ihn, Greis. Durch seine Gunst empfing
Ich meine Krone.

Schamai.

Zu Rom empfingst du sie!
Antonius, der Römer, salbte dich.
Wer aber wandelt in der Furcht des Herrn,
Ehrt sein Gesetz —

Herodes.

Wann brach ich es?!

Schamai.

Du bist
Von Edom's Stamm! In Israel ein Fremdling.
Den Hohenpriester selbst versagst du uns,
Auf den des Volkes Sehnsucht blickt. Der letzte
Der Maccabäer ist's, Mariamnens Bruder!
Aristobul gieb uns zum Hohenpriester,
So zeigst du, daß du ehrst des Herrn Gesetz.

Herodes.

Ihr kennt mich nicht. Was ihr wünscht, wünsch' ich selbst.
Den Jüngling rief ich schon, und morgen werde
Sein Haupt gesalbt.

**Schamai.** (für sich)

Seltsam —

**Antipater.** (leise zu Herodes)

Aristobul?

Dem Knaben diese Macht?

**Herodes.** (leise zu Antipater)

Weil er ein Knabe.

(laut) Eil' in die Stadt, mein Sohn, ihn zu empfangen.

**Antipater.**

Des Königs Weisheit sprach — ich schweig' und geh'.
(für sich, im Abgehn) Er schickt mich fort, mit dem allein zu sein?
Ich weiß warum, und bin auf meiner Hut.

(Er geht ab)

**Herodes.** (zu Schamai)

Aus welchem Quell hast du den bittren Trank
Für mich geschöpft? — Woher erfuhrst du, daß
Mein Sohn den Vatermord im Herzen hegt?

**Schamai.**

Mariamnens Sklavin hat es mir bekannt,
Die er bestach, dir einen Trank zu reichen —

**Herodes.**

Schon gut.
(für sich) Dann ist's nicht wahr. Geschwätz der Weiber!
(laut) Mariamnens Sklavin, Freund? Dein Fuß betrat
Die Schwelle des Palastes und du sprachst
Die Königin!

**Schamai.**

Ich betete mit ihr.

**Herodes.**

Wer jetzt von euch verbot'nes Feld betritt,
Kommt lebend nicht zurück. Was du im Schloß
Zu suchen hast, beim König findest du's. —

Jetzt geb' ich mein Geleit dir.

(zu seinem Gefolge) Führt ihn heim.

(Schamai mit Begleitung ab. Herodes allein.)

Mariamne! Wandelt deine Trauer jetzt,
Der düstre Wurm, sich in den Schmetterling
Der Freude? deines Bruders Haupt voll Glanz —
Was bleibt dir noch, zu trauern — sei's denn, weil
Herodes dein Gemahl! So haben sie
Dein Herz bethört! O blöder Sinn! Der Gott,
Dem sie allein zu dienen stolz sich rühmen,
Er stärkte mir den Arm, gab mir die Kraft
Dies zügellose Volk zu zügeln, ja,
Macht' mich zum Schirmherrn seines ehernen
Gesetzes, — meinen Stamm nur pflanzt' er, statt
In Israel, in Edom; sollen drum
All seine Gaben nicht mir zugerechnet,
Nicht voll sein meine Würde?
Ha, lenkt die Welten solch ein Krämergott,
Dann ist er nicht der Hoheit Inbegriff,
Die einem Gott geziemt. Wo ist er, wie
Ihn niedrer Menschenwitz sich denkt? Wo bist
Du, finstrer Geist, der mir die Schranke zieht?
Ha, gäbest du von deinem Willen mir
Ein Zeichen nur! — Hier steh' ich an dem Rand
Des Fluthengrabes, darin einst dein Grimm
Zwei Städte bettete!
Send' einen Sturmwind, mich hinabzustürzen,
Wofern ich dir ein Aerger bin, ja, laß
Aus jenen Wolken einen leisen Blitz
Nur leuchten, mir zum Zeichen deines Grolls,
Und meine Krone leg' ich hin! — — Du schweigst.
Jehova schweigt, — es sei denn seine Stimme,

Die tief im eignen Herzen zu mir redet.
Die aber spricht: Du bist an deinem Platz!
So handl' ich denn, wie mir der Geist gebeut. (er geht ab.)

Gemach der Mariamne.

## Dritter Auftritt.

(Mariamne und Alexandra treten auf, gefolgt von einigen Frauen mit Harfen.)

**Mariamne.**

Der Morgen dämmert, und der König kehrt nicht heim.

**Alexandra.**

Weh dir, mein Kind, wenn du's beklagst!
Traf im Gebirg' ein Unfall ihn, so ist's
Der Arm des Herrn für seine Missethat.
Durch unsres Feindes, durch der Römer Macht
Bestieg er frech den Thron von Israel
Und seine Hand befleckt das Blut Hyrkan's,
Des greisen Königs unsres Stamms!

**Mariamne.**

O Mutter!

**Alexandra.**

Sei drauf gefaßt, nicht eher kommt dein Herz
Zur Ruh, bis du ihn von dir stöß'st — sei fest
Und rüste dich!

**Mariamne.**

Hätt' ich nur meine Söhne!

**Alexandra.**

Beginnt den Morgenpsalm!

(Mariamne und Alexandra unter Harfenbegleitung sprechend:)

**Mariamne.**

Der Tag steigt empor.
Mein Gemüth, den Herrn preise du!

Des Herrn Auge wacht,
Deinen Schmerz erkennt Gott der Herr.

**Alexandra.**

Seine verlassene Heerde klagt hirtenlos,
Aber er sendet den Hirten dir, Israel!
Halte die Thore bereit zum Fest, schmücke sie,
Denn der Gesalbte des Herrn, er zieht bald herein.

**Mariamne.**

Du sollst bald ihn schau'n
Wann in's Haar ihm träuft heil'ges Oel;
Den Glanz seines Haupts
Werden staunend schau'n Freund und Feind.

**Alexandra.**

Aber die Freunde befreit und schirmt seine Hand,
Ueber der Hütte des Bundes wacht Davids Sohn;
Alle die Hungernden wird mit Brod speisen er,
Tränken die Dürstenden wird mit Wein Davids Sohn.

## Vierter Auftritt.

**Antipater.**

(der am Schluß des Psalms im Hintergrunde sichtbar wurde.)

Was hör' ich! Eines Künftigen wartet man,
Der Brod und Wein den Dürftigen bringt? Verzeiht,
Wenn Euren Undank, schöne Frau'n, ich rüge.
Gab jüngst Herodes, als des Tempels Bau
Vollendet war, der schöner heute sich
Erhebt, als einst zu Salomonis Zeit,
Gab er dem Volke nicht ein Freudenfest?
Rings schwoll ein königlicher Ueberfluß,
Fünfhundert Stiere gab er zum Geschenk
Und aus der Märkte Bronnen floß der Wein.
Gedenkt ihr deß und mancher andern That,

Dann mischt sich in den Wohlklang eures Psalms
Ein Laut der Lüge, den ich nicht versteh'.

**Alexandra.**

So ist's — dein Sinn versteht den unsern nicht.

**Antipater.**

Eu'r edler, offner Sinn — wer sollt' ihn nicht
Verstehn?! Ihr seid nur auf des Königs Wohl
Bedacht — und wär's auf Andrer, wär' es auch
Auf meine Kosten.

(leise zu Alexandra, während Mariamne Beide von fern beobachtet)

So ward gestern eurem
Verehrten Pharisäer ein Scherz bekannt,
Der zwar den König lachen macht, doch mir
Den Wohlgeruch verdirbt, der mich umgiebt.
Ihr macht es sicher wieder gut und wißt
Von nichts, wenn euch der König fragt.

**Alexandra.**

Ich dies
Für dich?

**Antipater.**

Beliebt's euch nicht, so theil' auch ich
Dem König heitre Neuigkeiten mit —
Daß ihr mit seinem Feinde Briefe wechselt.
Das thu' ich, denn ich bin nicht ungefällig,
Ein Dienst ist eines andern werth.

**Alexandra.**

Du rächst
Dich durch Verläumdung, doch — was man von dir
Entdeckt, ist wahr.

**Antipater.**

Schon gut. Was ich entdeckt,
Wahr ist es auch. Du wechselst Briefe mit

Dem Araber. Dein Bote taugt nicht viel —
(einen Brief hervorziehend)
Erkennst du diesen?

**Alexandra.** (erschrocken)
Ha —

**Antipater.** (sich verneigend)
So trifft man, so
Erkennt, — erträgt man sich.

**Mariamne.** (zu Alexandra)
Was führt so früh
Ihn her zu uns?

**Antipater.** (zu Mariamne)
Dein schönes Auge wend'
Heut nicht vom Stiefsohn ab, Gebieterin.
Ich bringe Freud'ges dir. Aristobul,
Dein Bruder, soll des Hohenpriesters Kleid
Empfangen!

**Mariamne.**
Welch ein Wort!

**Alexandra.** (leise zu Mariamne)
Belauschen will
Er deine Mienen bei dem Wort des Glücks,
Um das zu bitten dein Gemal dir längst
Verbot.

**Mariamne.** (zu Antipater)
Die Nachricht bringt — Antipater?

**Antipater.**
Der deiner Gunst sich nun empfiehlt; denn was
Ich an des Vaters Gunst verloren, weil
Ich's dir in deinem Stamm abtreten muß,
Das möcht' ich als Ersatz bei dir gewinnen.

Mariamne.

Antipater verlor noch nie — und nie
Versucht er zu gewinnen, wo für ihn
Nie ein Gewinn bereit. Aus seinem Mund
Die Botschaft wird vor meines Herzens Thür
Bei Seit gesetzt, wie ein verdächtig Gut,
Dem man den Einlaß weigern muß, bis es
Der König selbst für ächt erklärt.

Antipater.

Das wird er, Herrin! — Sieh, da tritt er ein!

## Fünfter Auftritt.

(Herodes und Aristobul treten auf)

Herodes.

Geliebtes Weib, Mariamne!
(auf Aristobul zeigend) Sieh, welch ein
Geschenk Herodes bringt! Mir schwillt das Herz,
Als wär' ich, statt des Gebers, selbst Empfänger.
Seht her! Ich wind' um dieses Jünglings Stirn
Die hohepriesterliche Zier. (Alexandra umarmt Aristobul.)

Mariamne.

Herodes —

Herodes.

Staunst du, Mariamne?! Lange hielt ich dies
Geschenk zurück. Zu zart noch war die Jugend,
Der du die Last gewünscht so hoher Würde.
Heut nimm es hin! Heut werde feierlich
Sein Haupt gesalbt! — Mariamne, sieh den Bruder,
Sieh, Alexandra, deinen Sohn!

Alexandra.

Mein Sohn!

**Mariamne.**

Dem Herrn sei Preis und Dank!

**Alexandra.**

Recht, meine Tochter,
Zuerst dem Gotte Jakobs Preis und Dank.

**Antipater.** (für sich)

Da zeigt sich's schon! Ihr Gott allein, und nicht
Herodes wird dafür gelobt.

**Mariamne.**

Herodes!
Welch guter Stern stand über deinem Haupt,
Der dies ersehnte Werk in dir gereift!

**Herodes.**

Der Stern der Liebe, theures Weib.

**Mariamne.**

Zu schön
Ist dieser Tag, als daß er dies Geschenk
Allein mir brächte: wie ein König tritt
Er auf — und der hat stets ein reich Gefolge.
Herodes! diese Stunde hat Gewalt
Den Bann zu lösen, welchen dein Gebot
Auf meine Zunge legte — —
Gieb meine Söhne mir zurück! Du siehst
Dein Weib zu deinen Füßen. Ach, nach Rom
Streck' ich die Arme weinend aus! Nicht dort
Wird heilsam ihrer Jugend Wuchs gebildet,
Denn Israels zukünft'ge Herrscher, in
Der Luft Jerusalems gedeihn sie nur,
Auf Zions Höhe laß sie wachsen in
Der Furcht des Herrn — der Mutter gieb sie wieder!

**Herodes.**

Steh auf, Mariamne! Diese Hast, mit der

Du auf das Künft'ge blickst, sie treibt dich fort
Vom Glück der Gegenwart, und schmälert mir
Die Freude, dir mit unverhoffter Gabe
Zum zweiten Mal zu nahn. — So wisse denn
Schon heute: unsrer Söhne Wohlgedeihn
An feinen Sitten, Wissen und Verstand
Wird volles Lob ertheilt. Was Griechenland,
Was Rom an Schätzen für die Jugend hegt,
Sie wußten's emsig zu erbeuten, und —
Die Schlacken aus der dürft'gen Heimath streiften
Sie leicht sich ab und warfen sie in's Grab
Der Tiber. Drum berief ich sie zurück.

**Mariamne.**

Sie kommen?

**Herodes.**

Gnädig schütze sie der Gott
Des Meers: ihr Fahrzeug schwebt schon auf der Fluth. —
Leb wohl, Mariamne! Schmücke dich zur Feier.

(Herodes geht ab.)

**Mariamne.**

Herodes! geh nicht so!

**Antipater.**

Auch ich verneige
Mich scheidend (zu Aristobul) und bewerbe mich um das
Vertrauen und die Gunst des höchsten Priesters,
Für dessen Glück stets mein Gebet bereit.

(Aristobul antwortet mit einer stolzen Geberde. Antipater geht ab und schlägt den Vorhang hinter sich zu; bleibt aber noch hindurch.)

**Aristobul.**

Gelobt sei Gott! Den hohen Fels betret' ich,
Den er gegründet. Ich besteig' ihn durch
Die Vollmacht meines Bluts — —
Nicht durch die Gnade jenes Fremdlings.

Mariamne.

Bruder!

Du hätt'st ihm doch ein Wort des Dankes —

Aristobul.

Schweig!

Ihm danken! daß er mich so lang' von euch
Fern hielt am Strand des Meers? Daß meine Weihe
Er nicht mehr hindert? Zwang nur treibt ihn, sie
Zu dulden. Von Antonius ist er
An diese Pflicht gemahnt. Arabiens
Kriegslust'ger König, Malchus, steht er nicht
An Juda's Gränzen schon mit einem Heer?
(zu Mariamne) Ja, sandt' er heimlich nicht zu dir? Er harrt
Auf deinen Wink — du aber winkst ihm nicht.
Wohlan! Ich thu's statt deiner! Nicht genügt
Aristobul das Priesterkleid. Es sehnt
Mein Herz sich nach des Panzers Last. Ein Schwert
In dieser Hand soll Israel befrei'n
Von eines Fremdlings Joch.

Alexandra.

Komm an mein Herz
Du ächter Sproß vom Stamm der Maccabäer.
Ich sehe Mattathias Muth, den Muth
Simonis seh' ich vor mir in dem Sohn.

Mariamne.

Weh' mir! Mein Bruder ist Aristobul,
Und mein Gemahl Herodes!

Aristobul.

Fluch dir, Weib,
Verläugnerin des Herrn! Dein Ehebund
Mit ihm ist Schuld an Israels Verderben.
Nur weil an unserm Stamm ein solches Band

Ihn knüpft, erschloß der Pfad zur Macht sich ihm.
Wie hätte sein verhaßter Arm es sonst
Gewagt, sich auszustrecken nach der Krone!
Fluch deiner Liebe drum, denn deine Lieb'
Ist deine Schuld.

**Alexandra.**

Dein Wort ist wahr — doch sieh,
Wie tief es deine Schwester beugt. Als er
Zum Weib sie nahm, war er im Dienst Hyrkans —
Wer ahnte damals sein verderblich Streben!
Nimm ihr die Last des Fluchs vom Haupt.

**Aristobul.**

Wofern
Sie sich von seinem Herzen reißt. — Mariamne!
Noch bleibt dir Frist, die Schuld zu tilgen, sonst
Begrabe deines Gatten Sturz auch dich!
Jetzt in den Tempel — und, sobald die Nacht
Uns schützt, in's Lager des Verbündeten.
Dann weh' dem Fremdling! (Alle ab.)

**Mariamne.** (im Abgehen, für sich)

Mit ihm fallen — ja,
Ich kann's; doch ihn verrathen — nimmermehr!

Vorhof des Tempels.

## Sechster Auftritt.

(Volk.)

**Erster Bürger.** (Auf der Schwelle des Tempels)

Das ist ein Tag des Heils! Der Tempel hat
Nicht Raum für alles Volk. Ich sah das Haupt
Aristobuls nur einen Augenblick,

Doch weiß ich, solche Hoheit strahlte nie
Von eines Jünglings Stirn.

**Zweiter Bürger.** (aus dem Tempel tretend)

Macht Platz, ihr Schafe Jakobs! Euer Wolf
Bricht gleich hervor.

**Dritter Bürger.**

Herodes?! Ist die Feier
So bald zu Ende?

**Erster Bürger.**

Nein, sie währt ihm nur
Zu lange, Freund. Als alles Volk allein
Auf den geweihten Jüngling sah und dem
Allein der Jubel galt, da ward die Stirn
Des Wolfes finster, und er schritt von dannen,
Gefolgt von seiner Schwester Salome.

**Zweiter Bürger.**

Da ist er!

**Erster Bürger.**

Beugt euch! Wer den Rücken nicht
Gern beugt vor ihm, der schleiche sich davon. (ab mit Anderen.)

## Siebenter Auftritt.

(Herodes und Salome, mit Gefolge aus dem Tempel tretend.)

**Herodes.**

Hier kann ich athmen! Wenn ich bei dem Volk —
Bei meinem Volke bin, dann geht die Luft
Mir aus. Verknöcherter, armsel'ger Stamm!
Ihn zu verjüngen, ihn empor zu ziehn
Weih' ich umsonst mein ganzes Leben ihm.
Bezeigt ein Thier nicht oft mehr Dankgefühl?!
Da steht der Tempel, den ich baute, da

Der Priester, den ich schuf, den ich gewährt —
Und jetzt, als wäre des Königs Gegenwart
Der eines Steinbild's, eines Holzes gleich —

Salome.

Herodes — dieser Groll ist klein. Verzeih'
Dies Wort der Schwester. Auf den Knaben blickt
Des Königs Eifersucht und grollt dem Volk,
Weil nur dem Knaben dieses Jauchzen gilt.
Mit ihrem Grolle sollten die Könige
So geizen, wie mit ihrer Gunst, und wenn
Sie schenken, auf die Dankbarkeit verzichten,
Ja dem Geschenk beifügen das Geschenk
Des Dankes noch, — denn nur die Liebe dankt,
Der keines Königs Macht gebieten kann.

Herodes.

Sei's. Ich verzichte. Keinen Dank begehr' ich.
Ein Herz jedoch aus diesem Volk ist mein:
Mariamnens Herz! Doch, sahst du sie? Auch sie!
Mir abgewandt hing an des Bruders Bild
Ihr Auge nur. Kein Lächeln früherer Zeit
Belohnte was für sie allein ich that.

Salome.

Ich sah es.

Herodes.

Sahst du's?!

Salome.

Dieses Grolls Gewicht
Ist schwerer. Doch auch hier Geduld —

Herodes. (unwillig)

Geduld!

Salome.

Ihr Herz erforsch' ich heut —

**Herodes.**

Sie traut dir nicht,
Traut nicht des Gatten Schwester.

**Salome.**

Doch ein offnes Wort
Verschmäht ein edles Herz nicht leicht.

**Herodes.**

Du bist
Die einz'ge Seele, der ich ganz vertraue.

## Achter Auftritt.

(Antipater tritt auf.)

**Herodes.**

Mein Sohn! Du hast im Tempel mir gefehlt!

**Antipater.**

Fehlt' ich im Tempel? Herr, ich glaub' es kaum.
Doch sicher fehlt' ich dort nicht, wo ich war,
Wo freilich ein ergötzlich Schauspiel nicht
Mein Auge, nicht die lieblichste Musik
Mein Ohr gelabt. Verrath umgiebt uns hier
Und lockt den Tiger aus der Wüste, daß
Er auf Judäa's Erde seine Jagd
Versuche. Schon gelang sein erster Sprung —
Schon naht sich Malchus deinen Thoren.

**Herodes.**

Wen
Erschreckt dies? Vor den Thoren ist Platz, wo ihn
Mein Schwert zum zweiten Mal demüthige
Und für den Wortbruch zücht'ge. Doch, wer rief,
Wer lockt' ihn?

**Antipater.**

Wer ihn rief? fragt man, so lang'
Das Haus in Brand steht, wer es angesteckt?
Lösch' erst den Brand —

**Herodes.**

Wer rief ihn, frag' ich dich!

**Antipater.**

Ist denn mein Mund verdammt, den Namen dir
Zu nennen! Vater — laß mich —

**Herodes.** (für sich)

Himmel und Erde!
That sie es! Konnte sie's!

**Antipater.**

Ein Araber
Mit diesem Brief fiel meinen Spähern in
Die Hände.

**Herodes.** (für sich)

Ach, mein Aug' erblindet, wenn
Es ihren Namen liest. (in den Brief blickend.)
Nein! Alexandra —
Und nicht Mariamne! Eines Berges Last
Fällt mir vom Herzen! Nicht Mariamne, nicht
Mariamne! Dieses Wort gleicht hundert Siegen.
Doch die Gefahr erkenn' ich. Malchus beut
Dem Knaben seine Hand. Der hat das Volk
Für sich. Ein Wink von ihm, und ringsum bricht
Die Flamme los.

**Antipater.**

Nicht ahn' ich, wessen Hand
Den Faden mit dem Feind anknüpfte, doch
Heut' lauscht' ich im Gemach der Frau'n, — dort sprach
Der Hohepriester wie ein Krieger und

Warf Angeln aus, die manchem Fischchen sehr
Gefährlich sind.

**Herodes.**

Und lieh man ihm Gehör?

**Antipater.**

Gehör! Bei solchem zarten Band des Bluts?

**Herodes.**

Von Sinnen bringst du mich — was sprach Mariamne?

**Antipater.**

Vergieb. Ich bin zu Zeiten etwas taub
Auf einem Ohr. Ich weiß genau nicht was
Sie sprach, und Unrecht ihr zu thun, es wär'
Ein Frevel.

**Salome.**

Nein! Sie nicht! Mariamne nicht!

**Herodes.**

Sie nicht. — Doch, höre Sohn, — die Zeit ist kurz —
(leise) Der Knabe darf mir nicht gefährlich sein.
Du sorgst dafür. (Hanna tritt aus dem Tempel.)

**Antipater.**

Ich lad' ihn heut zum Fest,
In meinem Garten —

**Herodes.**

Gut. Vollend' es dort.

**Hanna.**

(Ueber die Scene schreitend bemerkt sie den König und geht festen Schrittes auf ihn zu.)

Was sinnst du, König? Vor dem Jüngling hegst
Du Furcht? Die Zeit ist bald erfüllt, davon
Es heißt, daß Rosse nicht und Wagen mehr
Und Bogenschützen frommen. Doch — den du
Zu fürchten hast, er ist noch nicht geboren. (sie geht ab.)

Herodes.

Wer ist dies Weib? Folgt ihr und bringt mir Kunde.

(Joab folgt Hanna.)

Salome. (für sich)

Nie sah ich solch ein Weib! Ihr Antlitz, ihre
Geberd', ihr Wort bemeistern tief mein Herz.

Joab. (zurückkommend)

'S ist eine Wittwe, Herr, mit Namen Hanna —
Ihr einzig Tagwerk Fasten und Gebet.

Herodes.

Laßt sie. Ein Wahnsinn hat das ganze Volk
Erfaßt.
(zu Antipater) Ich eile jetzt, das Heer zu rüsten:
Bei deinem Fest werd' ich zu Abend sein,
Und hoff' es ohne Sorgen zu verlassen.

(Er geht ab mit Salome und Gefolge.)

## Neunter Auftritt.

(Aristobul tritt unter einem Baldachin aus dem Tempel. Ihm folgt ein Zug von Priestern. Dann Alexandra und Mariamne, von Frauen gefolgt.)

Volk. (rufend)

Heil, Heil, Sohn Davids dir!

Antipater. (zu Aristobul)

Sohn Davids nennt man dich, — ein Name, der
Den Königen gebührt. Ich wünsche Glück
Dir zu der Gunst des Volks. (Murren im Volk.)
Doch — höchster Priester,
Ein Zeichen meiner Ehrfurcht geb' ich dir
Und meiner Freude, dich in diesem Schmuck
Zu sehn. Ich hab' in meinem Garten dir
Ein Fest bereitet. Willst du kommen, so
Erkenn' ich deine Huld!

**Alexandra.** (für sich)

Droht uns Verrath
Bei unsrer Flucht?

**Aristobul.**

Ich wollte diesen Tag,
Deß Ehre Gott dem Herrn gebührt, im Lärm
Des Festes nicht beschließen. Laß mich an
Der Mutter und der Schwester Seite still
Den Abendstern erwarten.

**Alexandra.** (zu Aristobul leise:)

Es erregt
Verdacht.

**Antipater.**

Doch zählt auf deine Gegenwart
Der König auch und bittet dich mit mir.

**Mariamne.**

Geliebter Bruder! Leihe diesem Gruß
Dein Ohr. Wir Frau'n begleiten dich zum Fest,
So bleiben wir vereint, und mitten in
Des Spiels Geräusch blickt doch die Seele zu
Den Sternen still empor.

**Aristobul.**

Sei's denn. Wir kommen.

(Aristobul, Alexandra und Mariamne, gefolgt vom Festzuge, ab.)

**Antipater.** (ihnen nachblickend)

Ihr kommt — doch eure Sterne sinken schon!

# Zweiter Act.

Strand bei Ascalon. Rechts im Vordergrunde einige Häuser mit flachem Dach.

## Erster Auftritt.

(Archelaos, Glaphyra mit ihren Frauen.)

**Archelaos.**

Des Weibes Tugend ist Geduld, mein Kind.
Reicht heut der Götter Gunst dir ein Geschenk,
So grolle nicht, wenn morgen sie dir's nehmen.
Die Reise zu Herodes, die wir froh
Begonnen, ja beendet fast, wird unterbrochen.
Was in Jerusalem den König hindert
Uns zu empfangen, scheint nach seinem Brief
Ein ernster Grund und wir verweilen hier
Indeß in Ascalon.

**Glaphyra.**

Ich grolle nicht,
Doch überfällt mich Wehmuth. Ach, so nah
Dem schönen Ziel der Reise! Diese Stadt
Zu sehn, aus der so viele Wunder ich
Vernahm, die Heimath dieses Volks, das sich
Nur Eines Gottes rühmet, ja den Tempel
Dieses erhabnen Unsichtbaren — alles
Dies hob in Sehnsucht längst mein Herz, und fort
Von unsern Bergen in Cappadocien — —

**Archelaos.**

Glaphyra! Höre mich, geliebte Tochter!
Wozu dich in der Pein des Zweifels lassen —

Noch rauher wird, als du gedacht vielleicht,
Der Pfad, den deines Vaters Fuß betritt.
Der Fürst der Araber fiel hier in's Land,
Und meines Arms bedarf Herodes. Gleich
Verlaß ich dich. Du bleibst mit deinen Frau'n
In Askalon. Sobald der Feind besiegt,
Seh' ich dich wieder — in Jerusalem!

**Glaphyra.**

Krieg also — deine Tochter zittert nie
Wenn du zum Kampf das Schwert entblöß'st. Die Gunst
Der Götter hat dir nie gefehlt. Ich will
Auch heut' sie dir erflehn.

**Archelaos.** (sie umarmend)

Leb' wohl, Glaphyra.

(Archelaos ab.)

**Glaphyra.** (für sich)

Auf Wiedersehen — in Jerusalem!
Ich bin ein Kind, — warum erbebt mein Herz?

(Zu einer ihrer Frauen)

Du sprachst den Boten, der den Brief gebracht,
Du kennst ihn — was erfuhrst du?

**Erste Frau.**

Ach, er sprach
Wie sonst; wohl kenn ich ihn, Gebieterin.
Er zählte zu Herodes Dienern, als
Der König jüngst mit seiner Gemalin bei
Uns war in Melitene. Damals schon
Vertraut' er mir, wie prächtig auch der Hof
Herodes' sei, ihm fehle doch das Glück.
Ich glaubt' ihm nicht. Die schöne Königin
Mariamne war so fröhlich stets —

**Glaphyra.**

Ihr sah't
Sie so — ich anders. Nach dem Mahl ergriff
Sie oft in Einsamkeit ihr Saitenspiel,
Ich aber stand im Garten dann und lauschte
Der tiefen Schwermuth, die sich ihrer Brust
Entwand und still verhallte durch die Nacht.
Und, ach, wie überflog ihr schönes Antlitz
Bei ihres Bruders Namen stets ein Schmerz.
Wie sehn' ich mich nach dir, Mariamne, um
Bei dir zu weilen, dir zu dienen, zählt'
Ich gern zu deinen Frau'n! — —

(Freudiges Rufen hinter der Scene.)

Was ruft das Volk?

**Erste Frau.**

(im Hintergrunde stehend und nach der linken Seite hinausblickend)

Dort auf ein Schiff mit frohen Wimpeln blickt
Es hin, das eben seine Fahrt vollbracht.
Ein Jünglingspaar steigt jetzt an's Land, vom Volk
Umjauchzt.

**Volk.** (hinter der Scene)

Heil euch, Mariamnens Söhnen!

**Erste Frau.**

Mariamnens Söhnen ruft's —

**Glaphyra.**

Mariamnens Söhnen!
Folgt mir hinein. Vom Dach des Hauses laßt
Uns auf das Glück der Ankunft niedersehn.

(ab mit ihren Frauen)

## Zweiter Auftritt.

(Alexander und Aristo treten auf, Arm in Arm. Gefolge und Volk. — Glaphyra mit ihren Frauen erscheint hinter der Brüstung auf dem Hause im Vordergrunde rechts.)

**Volk.** (ruft:)

Aristo Heil, Heil Alexander!

(die Brüder bleiben im Mittelgrunde der Bühne stehen.)

**Alexander.**

Habt Dank, ihr Treu'n von Askalon.

**Aristo.**

Habt Dank.

**Ein Alter aus dem Volk.**

Dem Herrn sei Dank, der Wind und Meer gebeut.

**Alexander.**

Mir ist's wie Traum —

**Aristo.** (ihn umarmend)

Mein Bruder, unsre Füße
Stehn auf der heil'gen Erde Canaans.

**Alexander.** (knieend und sich niederbeugend)

Auf dich mit Inbrunst senk' ich meine Lippe,
Geliebter Boden!

**Aristo.**

Schwül stets war die Luft
In Rom — wie anders athmet sich's in dieser!

**Alexander.** (sich erhebend)

Tief saug' ich ihren Balsam ein und breite
Nach allen Wolken die Arme liebend aus,
Nach allen Bergen, Bäumen, ach, und nach
Jerusalem!

**Aristo.**

Dies ist die Straße nach
Jerusalem.

Alexander.

Ja, fort, Aristo. Geht,
Geht, brave Diener, zäumt die Thiere schnell,
Treibt sie zum Wettlauf mit den Winden an! (Diener ab.)
Je näher mich der Flug der Reise zur
Geliebten Mutter bringt, je höher wallt
Das Herz in Sehnsucht auf. An ihrer Brust
Will ich in langem Thränenstrom den Schmerz
Der Trennung tief ausweinen, dann, erst dann
Geb' ich der Freude Raum.

Aristo.

Mit dir zugleich
Umarm' ich sie.

Glaphyra. (für sich)

O dürft' ich Zeuge sein!

Aristo.

Und auch des Vaters Hals umfassen wir.

Alexander.

Und auch den Vater, ja, auch ihn. Vorbei
Ist aller Groll, daß er uns fortgesandt,
Und wandelt sich in Dank, weil er zurück
Uns rief. — — Man säumt. Wo bleiben unsre Rosse?

(Geht ungeduldig nach dem Vordergrunde der Bühne. Als er sich wendet, fällt sein Blick auf Glaphyra. Unterdeß naht sich ein Bote dem noch im Mittelgrunde stehenden Aristo.)

Glaphyra. (auf Aristo blickend, zu ihren Frauen)

Seht, naht dem Jüngling nicht derselbe Bote,
Der heut zu meinem Vater kam? Ihn schickt
Herodes! Wird des Jünglings Stirn nicht trübe?

Alexander. (zu Glaphyra emporblickend, für sich)

Welch holder Zauber! Seit mein Auge weiß
Wie schön das Licht ist, sah's nicht solchen Reiz! —

Und doch — erwacht in mir Erinnerung —
(zu einem Alten, dem er sich genaht)
Sprich, wer ist dieses liebliche Geschöpf?

**Der Alte.**

Die Tochter Archelaos ist's, des Königs
Von Cappadocia. —

**Alexander.**

Glaphyra! Aus
Der frühsten Kindheit Tagen steigt ihr Bild
In mir empor, und sanft vermählt es sich
Mit dieser Blüthe, die mein Aug' entzückt.
(auf Aristo zueilend, der mit dem Boten ganz zurückgetreten ist)
Aristo! Komm und sieh die Lieblichkeit
Die dort vom Söller strahlt.

**Aristo.**

Wie hat dein Herz,
Mein Bruder, heute Raum für andre Freude,
Als die im Vaterhaus für uns bereit, —
Doch eine Botschaft —

**Alexander.**

Komm und sieh'!

**Aristo.**

Vernimm,
Heut trübt ein Unstern unsre Freude —

**Alexander.**

Nein!
Befürcht' es nicht! Hier lacht ein Sonnenschein!
In dieser Näh' hat keine Wolke Platz!
Es wagt kein Unstern seinen düst'ren Schatten
Zu werfen hier auf diesen Ort des Glücks.
Hier hält als Königin die Wonne Stand

Und sie allein regiert die Stunde, wo
Glaphyra weilt! O komm' und sieh'!
(er zieht den Bruder in die Mitte der Scene)

**Glaphyra.**

Sie schau'n
Auf mich! (sie tritt mit ihren Frauen zurück)

**Alexander.**

Weh' mir! Sie schwebt dahin! Als sei
Mein Auge werth nicht, sich zu weiden auf
So seligem Gefild.

**Aristo.**

Nun höre mich —
Der Vater schickt uns diesen Boten —

**Alexander.**

Ich
Erwach' aus einem Traum — der Vater schickt —

**Aristo.**

Er macht zum Kriegszug gegen König Malchus
Sich jetzt bereit. Wir sollen hier verweilen
Bis er zu kommen uns befiehlt. Warum
Nur kommt die Mutter nicht entgegen uns?
Mariamne! Welche Qual für deine Kinder!

**Alexander.** (für sich)

Hier weilen! Armes Herz, welch ein Gewirr
Von streitender Empfindung faßt dich an!
Das Reinste, Theuerste, was dich erfüllt,
Des Kindes Sehnsucht, weicht dem Zauberreiz
Des Augenblicks, und reicher bist du, dünkt
Mich fast, um eine Schuld! O Mutter, Mutter!

**Ein anderer Bote.** (leise zu den Brüdern)

Ihr Königssöhne, hört mich an. Ich komme
Geheim von Alexandra. Wißt, der Hof

Versammelt heute sich zum Fest. Es gilt
Aristobul, der hoher Priester ward —

**Aristo und Alexander.** (freudig)

Aristobul!

**Der Bote.**

Sobald das Fest vorbei,
Flieht Alexandra mit der Kön'gin und
Aristobul zum Araber. Ihr sollt
Ein Gleiches thun. Herodes' Maaß ist voll.

**Aristo.**

Trifft uns ein Donner?

**Alexander.**

Welch ein Wort! Was macht
Mehr schaudern mich, was es verkündet oder —
Was es verschweigt? Welch Bild entrollt sich mir
Vom Vaterhaus! Was ging Entsetzliches
Dem Schlag voran, der auf uns niederfällt!

**Aristo.** (zum Boten)

Und Alexandra schickt dich? Nicht die Kön'gin?

**Alexander.**

Nicht unsre Mutter?

**Bote.**

Alexandra.

**Alexander.**

Doch,
Will auch Mariamne fliehn zum Feind des Königs?

**Bote.**

Ich hört' es so aus Alexandra's Mund.

**Aristo.**

Was denkst du, Bruder?

**Alexander.**

Die Mutter schickt ihn nicht —

Mariamne — sie verräth nicht den Gemahl.
(Zum Boten) Sag' Alexandra, unser Ohr sei taub
Für solchen Wink. Des Vaters Wort befiehlt
Uns, hier zu bleiben. Gehorsam ziemt dem Sohn.
Wir bleiben hier. So thun Mariamnens Söhne.

(der Bote ab.)

**Aristo.**

Ist dies das Land, das wir vom Schiff aus sahn?

**Alexander.**

Wir stehen noch zu Schiff. Ein düstrer zwar,
Doch auch ein lichter Stern ging vor uns auf!

(Aristo will nach der linken Seite abgehen.)

**Alexander.**

(auf die Gartenpforte neben dem Hause der Glaphyra zeigend)

Nein — hier in diesen Garten laß uns —

**Aristo.**

Sei's;
Die düstre Zukunft lichtet sich vielleicht —

**Alexander.**

Doch sicher ist die Huld der Gegenwart. (Beide ab.)

Garten Antipaters. Im Hintergrund ein Teich, an dessen Ufer ein Zelt.

## Dritter Auftritt.

(Herodes tritt auf.)

**Herodes.**

Unselig Loos — zu einer finst'ren That
Treibt's mich mit ehernem Zwang' auf's Neu! Ich sinn'
Umsonst auf andre Mittel. Hielt' ich ihn
Gefangen nur, — es schafft' mir keine Ruh',
Von ew'gem Aufruhr säh' ich mich umringt;

So lang' das Volk den Liebling lebend wüßte,
Versucht's, ihn zu befrein. So geh' ich denn
Den einz'gen Pfad, den blut'gen, der mir bleibt.
(Antipater tritt auf)
Da bist du. Welch ein Lärmen stört das Fest?

**Antipater.**

Dorther vom Circus dringt der Lärm. Das Volk
Füllt alle Straßen.

**Herodes.**

Sende Boten aus.

**Antipater.**

Ich that es schon. Es wird ein neuer Streich
Der Pharisäer sein. Der jüd'sche Sinn
Erhebt sich nie zur ungebund'nen Lust
Am schönen Spiel, das Rom ergötzt. — Jedoch
Zu Zeiten findet hier ein schönes Auge
An röm'schem Wesen auch Geschmack —

**Herodes.**

Was willst
Du sagen?

**Antipater.**

Bei Antonius, wie mir
Der Bote sagt, der kürzlich von ihm kam,
Befindet mit dem Bild Aristobuls
Sich auch das Bildniß einer schönen Frau, —
Das seinem Urbild unverkennbar gleicht —

**Herodes.**

Wem gleicht?

**Antipater.**

Den Boten frage, Herr —

**Herodes.** (für sich)

Unmöglich —

Ich sah des Römers Blick einst ruhn auf ihr —
Sie schien ihn zu verschmähn — jetzt sollte sie —
Nein! fest vertrau' ich meinem Weib — Genug!

**Antipater.**

Da ist die Schaar vom Ort des Lärms zurück.

## Vierter Auftritt.

(Bewaffnete mit einem Gefangenen treten auf.)

**Herodes.**

Was gab es?

**Der Führer.** (vortretend)

Herr, von Pharisäern ward
Des Circus Spiel gestört.

**Herodes.**

Wer wagt's!

**Der Führer.**

Man zählt
Sogar sie zu des hohen Rathes Gliedern.
Den Führer der Verwegnen fingen wir.

**Antipater.**

Gewiß die Jugend nur des Rathes —

**Schamai.** (als Gefangener hervortretend)

Nein!
Ein Greis!

**Herodes.**

Was hör' ich! Lohnt Schamai so
Des Königs Milde?

**Schamai.**

Seinen Zorn veracht' ich,
Und thue, was der Herr gebeut!

Herodes.

Du weißt —
Zum dritten Mal empfängst du keine Gnade.

Schamai.

Sei's. — Israels Zwingherrn, der Gottes Volk
Verhöhnt, um Gnade fleh' ich nicht ihn an.
Ein heidnisch Wesen führt er bei uns ein,
Verführt das Volk mit Fechterspielen, mit
Thierkämpfen, deren Gebrüll Jerusalem
Entweiht, wo jegliches Geschäft bisher
Ein Dienst des Herrn, das ganze Leben nur
Zu seiner Ehre war.

Herodes.

Zu deiner, zu
Der Pharisäer Ehre! Doch zur Schmach
Des Königs sprachest du zum Volk.

Schamai.

Ja, Feind
Des Herrn — von deinem Circus komm' ich her!
Ungern versah mein Aug' den Dienst, als es
Solch Bild mir in die Seele warf. Ich sah
In David's Stadt das freche Spiel der Heiden,
Von ihren steinernen Götterbildern rings
Den Raum umstellt, und, ach, das Volk des Herrn
In schnöder Neugier auf den Sitzen dort.
Da drang das Wort des Greises durch den Frevel,
Warf Flüche laut auf den, der ihn begonnen,
Und, an die Herzen klopfend uns'res Volks,
Trieb ich es an, sich abzuwenden von
Dem Gräu'l. Ihr Ohr vernimmt noch Gottes Wort
Und leer von uns'ren Söhnen ward das Haus.

Herodes.

Die Kerker werden voll von ihnen durch
Der Väter Schuld.

Schamai.

Wie's Gott gefällt.

Herodes.

Wohlan,
Da deine Freiheit meine Ruhe stört — (zu den Bewaffneten)
Führt ihn hinweg, werft ihn in strenge Haft.
Des Königs Spruch erwart' er dort.

(ab mit Antipater)

Schamai. (ihm nachrufend)

Den Spruch
Des Herrn — Du kennst ihn schon. Frei werden bald
Die Kinder Jakobs, daß sie jubelnd schau'n
Des widerhaarigen Esau's Schmach und Fall.

(wird abgeführt.)

## Fünfter Auftritt.

(Mariamne und Alexandra treten auf.)

Mariamne.

Nein, Mutter! Ich verlaß ihn nicht.

Alexandra.

Mein Kind —
Und mich verläßt du? Ach, ich ohne dich
Im Dienst des Herrn! Du — unsres Feindes Sclavin!

Mariamne.

Still Mutter — weiß ich doch was mir geziemt.
Ich scheide von Aristobul und dir,
Und, daß ich schweige dünkt mir Schuld genug.
Herodes' Weib verschmäht den Ruhm, den Ihr

Begehrt, wenn nur Verrath am Gatten ihn
Erkaufen kann, Verrath an seinen Kindern!

**Alexandra.**

Wohl weiß ich, von den Kindern dich zu trennen,
Die du erwartest, ist dein größter Schmerz;
Doch, folgst du uns, dann sind auch sie bei dir.
Nach Ascalon schon sandt' ich einen Boten,
Der ihnen sagt, daß wir zu Malchus fliehn —

**Mariamne.**

Das thatest du! Die Söhne gegen uns!
Durch Trug verlockt — als wär's der Mutter Wille —
Dies darf ich vor dem König nicht verschweigen —

**Alexandra.**

Bleib! Nicht von dir — von mir nur kam der Bote —

**Mariamne.**

So athm' ich wieder! — Meine Söhne folgen
Der Mutter nur.

**Alexandra.**

Doch wirst du fliehen müssen,
Sonst tödtet dich sein Argwohn. Fliehe zu
Antonius. Er nimmt als — Freund dich auf.

(Mariamne wendet sich ab)

Du weißt, um Schutz ihn bittend, sandt' ich jüngst
Ihm deines Bruders Bild — und auch das deine.

**Mariamne.**

Du sandtest es. Ich fordre mir's zurück
Von ihm.

**Alexandra.**

Das thust du nicht. Dort bleibt dir stets
Ein Weg zur Rettung.

**Mariamne.**

Nie!

Alexandra.

Still — Tritte nahn —
Leb' wohl! Auf lange Zeit — leb' wohl, mein Kind!

Mariamne.

So willst du —

Alexandra.

Alles ist zur Flucht bereit.
Aristobul erwartet mich — leb' wohl. (ab nach der rechten Seite)

Mariamne. (allein)

So scheiden wir. Groll mischt sich in den Schmerz
Der Trennung! — Weib und Kinder zu verlocken!
Ach, daß den Besten selbst, zur Zeit der Noth,
In banger Hand der Pflichten Waage schwankt!
Herr, halte du die meine! (sie läßt sich auf eine Bank nieder.)

## Sechster Auftritt.

(Salome tritt auf.)

Salome. (zu Mariamne)

Die Kön'gin hier allein?

Mariamne. (überrascht aufblickend)

Von dir gesucht?

Salome.

Es schmerzt mich, daß dir's ungewohnt.

Mariamne.

Mein Sinn
War nie verhüllt. Du kennst ihn.

Salome.

Darum sucht'
Ich dich.

Mariamne.

Du weißt auch, deine Gegenwart

Verlangt, daß ich mit jenem Stolz mich gürte,
Der dir bezeugt, wie wenig mich dein Haß,
Dein Neid, dein ganzes Trachten mich gebeugt,
Womit du stets dich zwischen den Gemahl
Und mich gedrängt, —
(aufstehend) Der dir bezeugt, wie tief
Ich dich —

**Salome.**

Halt ein! So könnt' auch ich dir nahn,
Stolz gegen Stolz — was aber frommt' es uns!
Ich that den meinen ab. Der Stolz ist nicht
Der Frauen schönster Schmuck. Gesenkten Blicks
Steh' ich vor dir. Vergieb! Mariamne weise
Die Hand der Schwester nicht zurück —

**Mariamne.**

Der Schwester!
Den Laut hat meine Lippe nicht für dich.
Was soll die Sanftmuth? Sie erinnert mich
An jenen Tag, wo du mir nahtest
Als mich des Königs Eifersucht empört,
Der, von der Gattin durch den Krieg entfernt,
(Wer glaubt es!) einen Hüter über sie
Gestellt; doch that er es auf deinen Rath!

**Salome.**

Mariamne, wende nicht dich ab, blick' her,
Wofern ein Antlitz je dein Herz erweicht.
Ich will mich nicht entschuld'gen, ob ich gleich
Niemals so Schimpfliches dem König rieth —
Bekennen will ich, selbst anklagen mich,
Daß oft ich schwieg, wenn dich sein Argwohn traf,
Will's in des Königs Gegenwart bekennen,
Betheuern, daß du rein und fleckenlos —

Mariamne.

Zu viel! den Dienst verschmäh' ich. Wer mir selbst
Nicht traut, dem stell' ich keine Zeugen, die
Ihm sagen, wie ich bin.

Salome. (bittend)

Trau mir, die dein
Verzeihn erfleht! Mich zieht ein mächtig Band
Zu dir — und treibt mich, dich vor einer That
Zu warnen —

Mariamne.

Sprich!

Salome.

Was habt ihr vor!

Mariamne. (für sich)

Allmächt'ger!
Weiß sie's, so weiß es auch der König —

Salome.

Mit
Des Königs Feind steht ihr im Bund —

Mariamne.

Ich nicht —

Salome. (freudig)

Du nicht? — — Du nicht! Dies Wort von dir, es giebt
Die Ruhe mir zurück. Ich wußt' es wohl,
Doch hören mußt' ich's von dir selbst, Mariamne.
Dich hält die Liebe von der That zurück,
Die tödten würde meines Bruders Herz —
Du liebst ihn, du hast ihm, hast mir verziehn!

Mariamne.

Ich bebe. Weiß der König was du weißt?

Salome.

Wohl ahnt er es —

**Mariamne.**

Weh meiner Mutter und
Aristobul!

**Salome.**

Vernimm zum Trost: wie sehr
Er sie bewachen läßt, um bei der Flucht
Sie zu ertappen, es gelingt ihm nicht.
Schon trug ich Sorge, daß sie beid' es bald
Erfahren und gewarnet —

**Mariamne.**

Salome!

**Salome.**

Jetzt fasse dich. Der König wird dich sprechen.
(Herodes tritt auf)
(zu Herodes) Sieh hier dein Weib, das werth des edelsten
Gemahls — ich lege dir dein Weib an's Herz!

**Mariamne.** (ihr die Hand reichend)

Hier, Salome — ich danke dir, beschämt. (Salome geht ab.)

## Siebenter Auftritt.

**Herodes.**

Mariamne! Ja, ich fühle die Seligkeit,
Daß du mein Weib, und mit verjüngter Gluth
Umarm' ich dich. Vergieb — oft hab' ich dich
Betrübt — vergieb — (sich losreißend, für sich)
Die Hölle lacht um mich —
Auf's Neu' betrüb' ich sie.

**Mariamne.**

Herodes —

**Herodes.** (für sich)

Was

Geschehn muß, das geschehe, — doch den Schmerz
Zu mildern ihr, vermag ich noch —

Mariamne.

Dein Blick
Ist finster —

Herodes.

Doch mein Wort wird dich erfreu'n.
Ein Schiff mit einer theuren Last ist heut
Vor Askalon erschienen —

Mariamne.

Meine Kinder —

Herodes.

Sie bleiben dort, bis ich vom Heer zurück, —
Du aber — sollst zu ihnen, ja, sogleich,
Noch diese Stunde geh' nach Ascalon.

Mariamne.

O meine Söhne, bald umarm' ich euch:
Hab Dank, Herodes, für das süße Glück.

Herodes.

Was säumst du noch, Mariamne?

Mariamne. (für sich)

Warum treibt
Er so mich an zur Reise? — (laut) Plötzlich stockt
Mein Odem — grausam spielt das Schicksal oft
Mit uns: hier giebt's uns Seligkeit — und dort —
Am selben Tag — verfinstert grauenvoll
Sein schwarz Gewand den andern Ort des Glücks.

Herodes.

Was soll dies? du verschmähst was ich dir biete?

Mariamne.

Herodes — bist du meines Bruders Freund?

**Herodes.**

Freund eines Jeden, der mir treu gesinnt.

**Mariamne.**

Ach, wenn er fehlt, so denk' an seine Jugend.

**Herodes.**

Im Hohenpriester ward der Jüngling Mann.

**Mariamne.**

Gieb mir den Bruder mit nach Ascalon —

**Herodes.**

Ich halt' ihn nicht. Doch — heut — bedarf ich seiner —
Er folgt dir morgen nach.

**Mariamne.** (für sich)

Dann hab' auch ich
Geduld bis morgen. — Lebe wohl. (geht ab)

**Herodes.** (allein)

Sie geht:
Fern sollst du weilen! lange bleibst du fern
Am schönen Meeresstrand. Von deinem Ohr
Halt' ich zurück was deine Ruhe stört.
Und was ich nicht vermag, vermag die Zeit. (geht ab.)

## Achter Auftritt.

(Es wird dunkler. Die Pharisäer Gamaliel und Eliefer, verkleidet, kommen von verschiedenen Seiten.)

**Gamaliel.**

Nun, hast du ihn gefunden?

**Eliefer.**

Keine Spur
Von ihm.

**Gamaliel.**

Weh' uns! Dann schickt er schon zur Flucht

Sich an. Das Fest ist längst vorbei und hier
Im Garten spähen wir umsonst nach ihm.

(Ein Diener und zwei Mohrensclaven, welche Gefäße tragen, treten auf)

**Der Diener.** (zu den Sclaven)

Dies ist der Ort. Tragt Linnen und Gefäß
In's Zelt. Erwartet ihn, bedient ihn gut
Und klug vollstrecket eures Herrn Befehl.

(die Mohren gehen in das Zelt)

(die Pharisäer gewahrend, für sich)

Wer sind die Beiden? Was sie scheinen sind
Sie nicht, und was sie sind erkennt man leicht
Und unter jeder Hülle — Pharisäer.
(laut) Wen sucht ihr hier?

**Gamaliel.**

Den Hohenpriester. Ist
Er hier im Garten noch?

**Diener.**

Kann sein. Doch nicht
Für Jeden ist er hier, da Jeder ihm
Nicht nahen, Jeder diesen Garten nicht
Betreten darf.

**Gamaliel.**

Verwegner!

**Eliefer.**

Still — da ist er!

## Neunter Auftritt.

(Aristobul tritt auf.)

**Diener.** (für sich)

Lockt ihr ihn weg, so fang' ich euch.

(versteckt sich im Gebüsch)

**Gamaliel.**

Heil uns,
Daß wir dich fanden! Dich zu warnen, sind
Wir hier. Schamai seufzt im Kerker schon —

**Aristobul.**

Schamai —

**Gamaliel.**

Doch er ist besorgt um dich.

**Aristobul.**

Mit mir ist Gott — und ihn befrei' ich bald.

**Elieser.**

Entfliehe nicht! du bist umlauert.

**Aristobul.**

Wie!

**Elieser.**

Mir sagt's Mariamne.

**Aristobul.**

Gut, dann glaub' ich's nicht.

**Gamaliel.**

Mir sagt' es Alexandra, und sie selbst
Verschob die Flucht bereits und bat mich, dir's
Zu melden.

**Aristobul.**

Ha, dann ist es wahr. Genug!
Ich bin auf meiner Hut, seid ohne Sorgen.
Sie halten nach dem heißen Tage mir
Dies Bad bereit. Ich wollte gleich darauf
Von dannen. Doch in diesem Garten bleib'
Ich jetzt, sei's länger auch, als mir's gefällt.
Für meines Rächeramts gezücktes Schwert
Wird mir der rechte Tag nicht fehlen. Sagt
Den Frau'n zum Troste dies. Lebt wohl —

**Gamaliel.**

Mit unsres brünstigen Gebetes Kraft
Stehn wir zur Seite dir, und Gottes Hut
Befohlen sei die Hoffnung Israels. (beide ab)

**Aristobul.** (allein)

Die Hoffnung Israels! — Welch hohes Wort!
Ich steh' beschämt! — — Ich tauge nur, den Weg
Zu bahnen. — Wenn die Schlacht beginnt, wo du
So oft zum Siege meinen Vätern halfst,
Dann laß mich, Herr, erkennen, ob du mich
Werth hältst für deinen Dienst — (sich nach dem Zelt wendend)
O senkt' ich alle Schwachheit in dies Bad,
Dann zög' ich ohne Harnisch in den Kampf
Und unverwundbar trät' ich vor den Feind.
(er tritt in das Zelt)

**Diener.** (hervortretend)

Der Augenblick ist nah'! Grau'n faßt mich selbst!
Die laue Fluth umfängt ihn schon — und jetzt —
Schwarz schimmert's durch das Wasser — es naht sich ihm!

**Aristobuls Stimme** (hinter dem Zelt)

Weh! — Eine Schlange — ein Arm umfaßt mich — Hülfe!

## Zehnter Auftritt.

(Kurze Pause. Antipater und Herodes treten auf. Letzterer bleibt zur Seite stehn.)

**Antipater.**

Ein Hülferuf, — jetzt aber ist es still.

**Herodes.**

Ein regungsloser Spiegel ist der Teich,
Kaum schleicht sich noch ein Wellenkreis ans Land,
Den Odem hält der Wind zurück, und bang'
In tiefster Stille schweigt das Schilf.

Antipater.

Da taucht
Ihr Schwarzen jetzt empor. Was haltet ihr
Noch auf dem Grunde? Zuckt's noch? Oder ist's
Ein Todter — dann legt still ihn auf das Gras.
(er öffnet das Zelt. Aristobul liegt darin hingestreckt)
Ein Todter. — Jetzt erhebt ein Klag'geschrei
Im Garten, daß den Bäumen selbst vom Mark
Hervor der helle Saft als Thräne quillt.
(Diener zu verschiedenen Seiten ab)

Herodes. (vor den Todten tretend, für sich)
Verwegner Knabe! Mit Herodes war
Das Spiel zu schwer für dich. Dies ist dein Lohn,
Ich konnt' ihn leichter nicht dir zahlen. (will gehn)

Antipater.

Herr, —
Die Frauen.

## Eilfter Auftritt.

(Alexandra und Mariamne erscheinen, Diener und Gefolge mit ihnen.)

Herodes. (entrüstet)
Ha, sie hier?! — Sie täuschte mich!

Alexandra.
Was ist geschehn?

Antipater.
Ein Unheil, das uns Gott
Geschickt.

Alexandra. (den Todten erblickend)
Mein Sohn! Herr Himmels und der Erde! (sie sinkt zurück)

Mariamne. (steht einen Augenblick vor Entsetzen erstarrt)
Ist dies der Bruder? Warum wird es auch

Vor mir nicht Nacht? — Ist's meinem Leib hier nicht
Vergönnt, zu brechen, meine Seele, brich
Allein zusammen bei dem Jammerbild!
(sie stürzt sich auf den Todten und umfaßt sein Haupt)

**Antipater.**

Wer kennt den Rathschluß jener dunklen Macht,
Die solches Unheil unserm Haus bestimmt!

**Mariamne.**

Ihr schönen, jungen Glieder hingestreckt —

**Alexandra.**

Und — unsre — Hoffnung — hingestreckt mit euch!

**Antipater.** (vertraulich)

Von eurer Hoffnung sprecht hier nicht zu laut.

**Alexandra.**

Ja, bis zum Himmel dringe meine Klage —
Ihr seid's, die ihn gemordet.

**Antipater.**

Ja, euren Plan zum Aufstand —

**Alexandra.**

Meinen Sohn!
Der stille, niedre Teich begehrt kein Opfer
Wie niedre Seelen sich's zum Raub ersehn.

**Herodes.**

Welch frecher Laut! Und von der Lippe der
Empörerin! Ihm ziemt der freie Weg
Nicht bis zum Ohr des Königs. Künftig breche
Sein Widerhall sich an der Kerkerwand.

**Alexandra.**

Ohnmächt'ger Wüthrich! Jetzt vermagst du nicht
Mehr Leid noch mir zu thun — dies war das letzte,
Das größte war's, das mir die Erde bot.

Doch weiß ich auch, ermordet hast du ihn
Weil du — ihn fürchtetest!

**Herodes.** (zum Gefolge ruhig)

Hinweg mit ihr.

**Alexandra.** (stolz)

Wer wagt's, der Mutter Abschied jetzt zu stören?
Bei diesem Todten scheid' ich von der Welt —
(sich niederbeugend)
Leb' wohl! Nicht lange wein' ich mehr dir nach! —
Mariamne! Siehst du jetzt, mein armes Kind,
Wem du gehörst?!

**Mariamne.** (die bis dahin vor dem Todten kniete)

Ihm? — Noch? — Vom bösen Traum
Zum bösen Tag bin ich erwacht. — Doch jetzt
Gehör' ich — meiner Mutter nur, und ihr
Nur folg' ich, theile jedes Loos mit ihr.

**Herodes.**

Mariamne!

**Mariamne.**

Darum sollt' ich fort von hier,
Daß unbeweint von mir der Todte sei —
Barmherz'ger Gott — das hast du nicht gewollt!

**Herodes.**

Mariamne! Sprichst auch du wie meine Feinde?!

**Antipater.** (zu Mariamne)

Ihn hat ein Thier umklammert, eine Schlange, —
So hört' ich selbst ihn rufen und so sahn's
Die Zeugen hier —

**Mariamne.** (sich erhebend)

Ja eine Schlange! Doch
Das Haupt der Schlange wird der Fuß des Herrn

Zertreten! Rache flehend schreit mein Herz
Zu ihm empor!

**Herodes.**

Ist dies mein Weib?! Und hätt'
Ich's auch gethan — spricht so mein Weib?

**Mariamne.**

Entzwei
Ist jetzt das Band, das mich an euch gekettet,
Ich bin Maccabi's freie letzte Tochter.
Fluch dir, Herodes! Ich bin los von dir!
Fluch auch dem Band, das durch die Söhne noch
Mich fesselt; denn vergiftet ist ihr Blut,
Weil es vermischt mit deinem!
Das bessre Theil in ihren Adern wird
Im Hader mit dem schlecht'ren sein, bis sie
Der Rache Pfad sich bahnen einst zur Brust
Des Vaters — zu des Mörders Brust!

**Herodes.**

Du hast
Mich nie geliebt, trennst leichten Herzens dich
Von mir, — so ist mein Herz auch frei von dir,
Und kalten Muthes setzt der Herrscher nun
Auf der Rebellen Haupt den Fuß. — — Du wirst
Nicht zu Antonius entfliehn; er mag
Begnügen sich — mit deinem Bild!

**Mariamne.**

Er hat
Des Bruders Bild und mein's. Ihr Anblick treibe
Ihn zur Vergeltung an. Von Rom erhöh't,
Sie auch zu Fall gebracht von Rom.

**Herodes.** (zu den Dienern)

Ergreift

Die Königin! Ein schnell Gericht beruf'
Ich über dich. Nun ich Mariamne, wie
Sie ist, erkannt, geb' ich dem herbsten Spruch
Sie preis. Hinweg! — Kehr' ich vom Kampf zurück,
Begegne mir mein falsches Weib nicht mehr.

(ab mit Antipater)

**Mariamne.** (indem sie mit Alexandra abgeführt wird)
Du willst es, Herr, dein Name sei gelobt!

# Dritter Act.

Ein Seitengang im Tempel.

## Erster Auftritt.

(Hanna, das Haupt auf ein aufgeschlagnes Buch geneigt; vor ihr eine Sanduhr, die sie mit der linken Hand umfaßt hält.)

Hanna.

Still rinnt der Sand, — bang naht sein letztes Korn
Dem Wirbel, der es in die Tiefe zieht;
Sein Fall ist nah', bald ist die Zeit erfüllt,
Und, neugeboren, hergeführt vom Herrn,
Schwingt still die heil'ge Stunde sich empor.

(Salome tritt durch den Eingang zur Linken ein)

Salome. (für sich)

Welch Bild! — — Kaum wagt mein Odem aus dem Sturm
Der Brust in diese Stille sich hervor.

Hanna. (für sich)

Wer naht? — Des Königs Schwester!

Salome.

Nimm mich auf,
Du heilig Weib! Seit ich dich sah, erfüllt
Dein Bild mein Herz; und jetzt, wo blutig um
Mich her und ungestraft, im Siegerschritt
Der Frevel sein grau'nvollstes Haupt erhebt,
Zieht's mich mit wachsender Gewalt zu dir —

Hanna.

Zu mir — — Du tratest in das Haus des Herrn.

Salome.

Ich klag' es ihm! Sein Priester ward erwürgt,
Und, ach, Mariamne sieht das Henkerschwert
Schon über ihrem Haupt, — bald wird es fallen!
Vom Bruder sagt mein Herz sich blutend los
Und möcht', mit dir vereint, aufschrei'n zu Gott,
Ihn um Vergeltung flehn.
Frei sei die Welt von diesem finstren Geist —
Und Israels ersehntem Heil der Weg
Gebahnt! — Du sinnst, — du schweigst bei meinem Wort,
Und mich verlangt nach Rath und Trost von dir —
Doch schwer auf meiner Stirne ruht dein Blick.

Hanna.

Unglücklich Weib, — wenn meiner Zunge Band
Sich löset, fällt ein Stein dir auf das Herz.
Gedenk' der Zeit, wo Mißgunst oft und Neid
Dein Herz erfüllt, wenn deines Bruders Weib,
Die Tochter ihres Stamms, mehr Liebe rings
Als du genoß, die fremd in Israel.
Da hieltst du nicht von deines Bruders Ohr
Der Menschen Hohn und Bitterkeiten fern,
Bis zwischen ihm und seines Weibes Haus
Der Hader anwuchs, dem der Mord entsproß!

(Salome schrickt zusammen)

Weh' euch, ihr Schwachen! Vor dem frühsten Keim
Der Schuld, den eure Hand mit pflanzen half,
Sollt ihr erschaudern! Klagt ihr dann zu spät —
Verklagt zuerst euch selbst.

Salome. (nach heftigem Kampf)

Mitschuldige! —
Ja — Seherin — ich fühl's, du redest wahr!
Ich ahnt' es nicht — jetzt sink' ich in den Staub!

(sinkt nieder. Hanna unterstützt sie und läßt sich zu ihr herab)

Hanna.

Sieh, armes Weib! So beugt dich eigne Schuld
Und du willst Retterin sein in Israel?!

Salome.

Hinaus! Was ich verbrach, ich will es sühnen.

Hanna.

Verbleib im Staub, thu' Buße, wache, bet'
Und harre — denn die Zeit ist bald erfüllt.
Nicht deines Arms bedarf der Herr. Er führt
Es anders aus, als Stolz und Thorheit träumen,
Und ohne Roß und Reiter naht sein Held,
Arm, niedrig, als ein Knecht. (Salome blickt sie verwundert an)
Vergebens hält Herodes' Arm den Thron
Umklammert, und vergebens hofft und harrt
Der Pharisäer Trotz auf Glück und Sieg —
Du wirst sie Beide fallen sehn — und hast
Noch vieles Leid vor dir, — doch richte dich
Empor, — ich will dir eine Stütze geben.
(sie legt die Hand auf das Buch)
Blick her! Es steht geschrieben: „Bethlehem
Aus dir soll kommen, der in Israel
Herr sei —"

Salome.

Welch Wort — das steht geschrieben —

Hanna.

Und

Geschrieben steht: „die Kön'ge, die am Meer
Und von den Inseln, werden Geschenke bringen,
Die Kön'ge von Arabia und Seba
Sie werden Gaben ihm zuführen." — — Bald
Wirst du die Kön'ge schau'n — — dann preise Gott
Und denke dieser Stunde!

**Salome.**

Ich preis' ihn jetzt! Und dieser Stunde denk' ich
Wie man des Tages der Geburt gedenkt.
Dein Wort, es beugte mich, dann hob es mich
Empor und lieh mir Ruh' und festen Trost.
Hab' Dank! Ich habe keinen Lohn für dich!

(im Abgehn für sich)

Nicht ruf' ich auf das Haupt des Bruders das
Gericht herab. Was über ihn der Herr
Beschließt, die Schwester trag' es treu mit ihm!
Und, von der Botschaft froh erleuchtet, blickt
Mein Aug' in's Ferne voller Zuversicht!

(Hanna streckt ihr segnend die Hände nach und schreitet in das Innere des Tempels.)

Offene Halle in Herodes Palast. Zu beiden Seiten Portale. Im Hintergrunde rechts eine kleine Pforte.

## Zweiter Auftritt.

(Antipater, Mariamne und Diener treten aus der Pforte. Die Diener nehmen der Königin die Ketten ab und entfernen sich.)

**Antipater.**

Es macht mich glücklich, meine Königin
Das Licht der Sonne wieder sehn zu lassen.

**Mariamne.**

Ich schied vom Leben schon. — Zu welchem Leid
Rief's mich zurück?

**Antipater.**

Erheb' auf's Neu' das Haupt!
Am Rand des Todes naht dir noch das Glück
Und giebt noch einmal eine Wahl dir frei.

(Mariamne wendet sich ab)

Du zweifelst? Nicht zum Spiel befrei' ich von

Der Kette diese schöne Hand! Vernimm —
Kaum war der herbe Spruch gefällt, und ich
Des bitt'ren Amts, ihn zu vollziehn, gewiß, —
(Ich sann auf Rettung — — und ich zögerte)
Da kam mit einem eil'gen Boten aus
Des Königs Lager dieser Brief und hielt
Von deinem Nacken das gezückte Schwert
Zurück. — Wie gut war's, daß ich zögerte!
Dein Leben lag in meiner Hand — und jetzt
Darf ich es unversehrt zurück dir geben.

**Mariamne.**

Gern wies' ich dies Geschenk zurück, das ich
Verachte, wie die Hand, die mir es reicht.

(für sich, während Antipater sie beobachtet)

Was soll dies Spiel? Herodes pflegte nie
Zu zaudern. Glaubt er, daß der Tod mich schreckt?
Das schwache Weib, von bleicher Furcht gebeugt,
Sich ihm ergiebt, auf's Neu' ihm angehört?
Er glaubt es nicht!
Soll ich vielleicht noch — Abschied nehmen von
Den Kindern! die mir, ach, so nah schon sind!
Hofft er, da ihm die Gattin widerstand,
Das Herz der Mutter werde weicher sein?
(laut) O meine Kinder!

(läßt sich auf einen Sitz an den Säulen im Hintergrunde nieder)

**Antipater.**

Du wirst sie wiedersehn.

**Mariamne.** (für sich)

Errieth ich's!

**Antipater.**

Höre jetzt, was sich begab.
Vom Schmerz des Hauses wend' hinweg den Blick!

Heb' auf den Weltkreis ihn, wo das Geschick
Der Völker jetzt ein großer Schlag entschied.
Bei seinem Donner tritt das eigne Weh
Zurück und schweigt. Vernimm, — den Araber
Besiegte zwar des Königs Heldenarm
Und heute kehrt er im Triumph zurück;
Was aber ist der Sieg bei dem Verlust,
Der fern von hier zur selben Zeit uns traf!
Die Säule fiel, auf der wir alle standen,
Herodes' mächtiger Freund, Antonius,
Vernichtet ward er von Octavian!
Der ist jetzt Herr der Welt und rückt heran
Und fordert Rechenschaft von Jedem, der
Freund seines Feindes war.

**Mariamne.** (für sich)

Erleb' ich's noch!

**Antipater.**

Herodes wird ihn zu gewinnen suchen —

**Mariamne.**

Im Staub vor seinem Feind!

**Antipater.**

Und, glückt's ihm nicht,
Ist er zum letzten, großen Kampf bereit.

**Mariamne.**

Bereit zum Untergang!

**Antipater.**

Gewiß ist's ein
Gefährlich Spiel. Sein Heer ist schwach, auch fehlt's
An Freunden ihm. Vor allem fehlt ihm — Gold.

**Mariamne.**

Und hätt' er Freunde, hätt' er Gold in Menge,
Was hülf' es, Gott der Herr ist gegen ihn!

**Antipater.**

Noch laß uns hoffen, daß er an das Herz
Des mächt'gen Feindes klug zu klopfen weiß.
Und — wer den König liebt, wird ihm dazu
Behülflich sein! — Bald ist der Römer hier,
Dann giebt es Feste, und der Glanz des Hofs
Sei dann durch Trauern und Erinnerung
An abgethane Dinge nicht gestört.
Was sagt zu dieser Aussicht meine Königin?
Antworte, was du mir verschweigst, dem König.
Ich eil' ihm jetzt entgegen. Deinen Gruß
Darf ich ihm bringen. Pfleg' indeß der Ruh!
Schon trug ich Sorge, daß dir nichts gebricht,
Und herzlich bin ich froh, daß uns das Glück
So hold, — und Alles jetzt beim Alten ist.

**Mariamne.** (allein, das Gesicht mit den Händen bedeckend)

Mein Auge mag das Licht nicht wiedersehn,
Es sehnt nach seinem kühlen Schatten sich,
Sich nach des Kerkers stiller Nacht zurück.
Was reißt mich jetzt aus ihrem trauten Schooß,
Wo mit geliebten Todten nur, wo nur
Mit Gott noch meine Seele sprach! — Ich bin
Getrost. — Wer unter dem Schirm des Höchsten sitzt
Und unterm Schatten des Allmächt'gen bleibt,
Der spricht zum Herrn: Du, meine Zuversicht
Und meine Burg, mein Gott, auf den ich hoffe, —
Du zogst aus meinem stillen Grab mich nicht
An dieses falsche Licht empor, daß ich
Ihm diene, seinem fahlen Schein den Weg
Bereite, dir zur Schmach. — Du läßt mein Ohr —
Indeß der Wahn noch deinen Feind betäubt —
Die fernen Donner hören deines Zorns!

So ruf' ich denn mit Davids Harfenklang:
Gott, deß die Rache ist, erscheine! Leih'
Den Deinen Muth, die treu dir bis zum Tod!

(ab zur Rechten.)

## Dritter Auftritt.

(Herodes, Archelaos, Antipater, Joab, Heerführer, unter denen Antipas und Philippus, treten mit kriegerischem Gefolge auf.)

**Herodes.** (für sich)

Die Sonne scheidet! — Oedes Haus, du siehst
Heimkehren mich von meinem letzten Sieg.
(laut) Habt Dank für euren Dienst, ihr Tapferen,
(zu Archelaos) Vor Allen du, mein hoher Bundsgenoß!
Seid eures Lohns gewiß, ihr Führer, ihr
Zumal, geliebte Söhne, Antipas
Und du, Philippus. — Doch ihr bleibt vorerst
In Waffen noch. Wird jetzt die Kunde laut
Vom großen Wechsel im Geschick der Welt,
Dann stoßen meine Feinde, stößt mein Volk
Auf's Neu' in's Horn des Aufruhrs! Joab, geh',
Stell' alle Späher auf und schärf' ihr Ohr. (Joab geht ab)
Ich weiß, ich steur' auf einem Meer von Haß.
Seit ich das einz'ge, theuerste Herz verlor,
Das je mir angehört, steh' ich allein!

**Archelaos.**

Freund, nun das Werk des Kriegs beendet, laß
Mein Kind mich, meine Tochter, wiedersehn.

**Herodes.**

Führt schnell die Tochter an des Vaters Herz.

(einige in den Palast ab)

Vergieb, daß ich, des eignen Glückes nun

Entblößt, des Freundes Glück vergaß. Was wir
Im Stillen über unsre Kinder froh
Beriethen, Freund, wird durch die Wolken, die
Mich finster jetzt umgeben, mit bedroht.

**Archelaos.**

Die Huld der Götter blicke gnädig drauf.

(Glaphyra's Frauen treten aus dem Palast)

Wo ist mein Kind?

**Erste Frau.**

Herr, deine Tochter ist
Nicht im Palast. Seit wir hier angelangt
Verließ die Freude sie. Wir durften ihr
Nicht folgen. Einsam will sie sein; doch seit
Die Kön'gin hier erschienen, weilen beide
Im Garten jetzt an einem Teich, auf dem
Ihr Auge schmerzlich ruht. (Herodes betroffen)

**Archelaos.**

Führt mich zu ihr,
Des Vaters Nähe wird verscheuchen was
Ihr Herz betrübt. (geht ab mit den Frauen)

**Herodes.** (zu Antipater)

Du hast die Kön'gin schlecht
Bewacht.

**Antipater.**

Noch eben sah ich sie. Doch ist
Solch Feuer unbewacht gefährlich stets —

(will gehen)

**Herodes.** (Ihn zurückhaltend)

Es ist zu spät jetzt - -

**Joab.** (zurückkehrend)

Herr, wie du befahlst,
Sandt' ich die Späher aus. Die Stadt ist still.

**Herodes.** (zu den Heerführern)

Ihr Treuen, seid entlassen! Joab, bleib! (die Heerführer ab)
Antipater! (leise zu ihm) Die Knaben kommen heut
Von Ascalon. Du sorgst, daß sie zuerst
Den Vater seh'n und führst sie gleich mir zu.

**Antipater.**

Wohl, — ihre Schritte werd' ich lenken, Herr.

(Antipater nach dem Hintergrunde ab)

**Herodes.** (zu Joab)

Jetzt gilt's, den Unstern abzuwenden, der
Uns droht. Octavian — Rom's Herr! der Herr
Der Welt! — Das Schwert vermag hier nichts; vielleicht
Etwas die Kraft des Worts. Ich will ihn gleich
Begrüßen, biet' ihm offen Herz und Hand.
Doch, — sieht er nur den Feind in mir, erlahmt
Mein Wort an seinem Ohr, — dann rüst' ich mich
Zum letzten Krieg. Die Völker Asiens
Steh'n gegen Rom mit mir. — Doch Ein's ist noth,
Ich brauche — Gold! — Zur Rüstung nicht allein —
Schlägt Alles fehl — ich kenn' Octavian —
Schaff' Gold herbei!

**Joab.**

Herr, unser Schatz ist leer,
Und jetzt zu füllen ihn, bedarf's der Zeit.

**Herodes.**

Noch weiß ich Rath. Bin ich nicht Herr im Land?
Ist hier nicht mein was über der Erde glänzt
Und was der Erde Schooß verbirgt?

**Joab.**

Wie Herr?

**Herodes.**

Verstell' ich nicht. Du weißt, von Golde starrt

Jerusalems Erdreich: der Väter Huld
Bewahrt es für die Enkel noch im Grab
Und reicht's zur Nothzeit ihnen draus hervor.

**Joab.**

Was sagst du, Herr! Gold aus dem Schooß der Gräber!

**Herodes.**

Des König Davids Gruft, sie hegt an Gold
Den vollen Kaufpreis eines Königreichs.

**Joab.**

Herr, ich beschwöre dich, laß ab davon!

**Herodes.**

Ich muß.

**Joab.**

Hyrkan trug solch Verlangen schon;
Doch als er vor des Grabes Pforte stand,
Da that der Grund sich auf, ein Feuer brach
Daraus hervor und seiner Diener zwei
Versanken in die Tiefe. Herr, laß ab —

**Herodes.**

Genug! Ein Märchen! Die Natur ist nicht
Mit Pharisäern im Bund, der Erde Schooß
Thut auf den Wunsch der Priester nicht sich auf.
Ich werde zu den Todten gehn, weil ich
Es muß — und weil ich's darf.

**Joab.**

Mir graut davor.
Der Priester Argwohn hält das Grab bewacht.

**Herodes.**

Du bist heut Nacht mit auserles'ner Schaar
Bereit. Den Mund der Wächter machst du stumm.
Stumm bist du selbst — — laß mich dafür nicht sorgen.
Was weiter noth thut, schaff' ich selbst. — Jetzt geh!

(Joab geht ab. — Es wird dunkler)

**Herodes.** (allein. Nach der Stadt blickend)

Jerusalem! Rom streckt die Hand nach dir,
Ich aber halte dich. Des Ostens Welt
Sei dein! Zum Bollwerk schuf ich gegen den
Gewalt'gen Westen dich, und meinem Stamm
Verbleibst du, diesem holden Knabenpaar —
Mariamne, deinen Söhnen! Ja, ich dank's
Dem Schlag, der mich getroffen, daß er dich
Gerettet! Senkt ein Gott, nach dieser Zeit
Der Schmerzen, Milde dir in's Herz, wie mir,
So kehrst du bald versöhnt zu mir zurück!

(ab durch das Portal zur Linken)

## Vierter Auftritt.

(Antipater tritt mit Alexander und Aristo auf.)

**Alexander.**

Da bist du wieder, geliebtes Vaterhaus!

**Aristo.**

Doch blickt's so ernst und stumm. Komm schnell hinein.

**Antipater.**

Durch diese Thür! (nach der linken Seite zeigend)

**Alexander.**

Nein, hier ist das Gemach
Der Mutter.

**Antipater.**

Erst zum Vater. So befiehlt
Er's euch.

**Alexander.**

Mit Angst und Grauen nah' ich ihm.

**Aristo.** (für sich)

Wir sollen nach Aristobul nicht fragen.

Alexander.

Dein Frieden, Herr, behüte diese Schwelle!

Antipater.

Kommt! (alle drei zu Herodes hinein)

## Fünfter Auftritt.

(Mariamne mit ihren Frauen von der anderen Seite eilig hervortretend.)

Mariamne.

Welche Stimmen! Welch geliebter Laut,
Welch lang' ersehnter, traf mein Ohr!
(für sich, nach den Zimmern des Herodes gewandt) Ich mag
Die Schwelle nicht betreten —
(zu einer der Frauen) Eile schnell
Hinein und gieb mir Kunde.
(für sich) Herr des Lebens!
Ich darf noch einmal meine Kinder sehn!

Herodes.

(tritt heraus, als die Frau der Mariamne hinein will)

Mariamne —

Mariamne.

Weh' mir! führt mich fort von hier!

Herodes.

Mariamne — bleib! — Dein Herr gebietet dir's.

Mariamne. (halb laut)

Du bist es nicht.

Herodes. (sich bekämpfend)

Doch bin ich — dein Gemahl,
Ich fühl's an der Geduld, die mir noch bleibt.
So höre den Gemahl! (er winkt den Frauen, sie zu verlassen)

Mariamne. (von ihm abgewandt)

Der blut'gen Hand

Gehör' ich nicht mehr an. Ich schaudre vor
Des Mörders Näh'.

**Herodes.** (nachdem er sie angesehn, für sich)

Ihr finstren Mächte! Was
Erblick' ich! Wie verwandelt! Bleich und starr!
Der Nacken beugt sich nur dem Tode noch —
Ich seh's — es ist — mein Werk!

(laut, sanft) Mariamne! Was
Geschehn — — gehört nicht unsrem Willen mehr —

**Mariamne.**

Doch dem Gedächtniß!

**Herodes.**

Das Vergessen wird
Uns oft zur Pflicht.

**Mariamne.**

Oft bleibt's nur unser Wunsch —
Und das Gedächtniß — wird zu unsrer Geißel!

**Herodes.** (streng)

Das Deine scheint dich zu verlassen. Muß
Ich dich erinnern, — daß dein Odem nur
Durch Gnade dir gewährt?

**Mariamne.**

Ich weiß — wozu!

**Herodes.**

Du weißt es nicht. Noch einmal höre mich —
Sprich, was du wünschest, rede frei, — und mein
Gewähren wecke dein Vertrau'n.

**Mariamne.**

Wohlan —
Den Letzten meines Stammes nahmst du mir,
Die Mutter starb im Leid. Ich bin allein,
Und mag, wofern das Leben mir verbleibt,

Es nicht in dieser Näh' — laß mich von hinnen —
Mir bleibt im fernen Cappadocien
Ein Freundeshaus —

**Herodes.**

Mariamne! — Unsre Kinder!

**Mariamne.**

Laß mich sie sehn —

**Herodes.**

Sogleich. Nur Ein's versprich —
Vom Vater wende nicht das Herz der Söhne!
Du schweigst?

**Mariamne.** (für sich)

Herr steh' in diesem Kampf mir bei!
(laut) Und sagt' es ihnen meine Lippe nicht,
Der Mutter Thränen würden sie verstehen,
Empören würd' in ihnen sich das Blut,
Das ihnen bleibt von ihrem edlen Stamm,
Und ihrer Jugend Blüthe wandelte
In eine Frucht nur — in die Rache sich!

**Herodes.**

Mein Odem stockt! — Ich seh', die Einsamkeit
Hat keine Sanftmuth dir in's Herz gesenkt!
Der feuchte Grund des Kerkers schuf dich um
Zur Schlange, schuf aus dir ein Ungeheuer,
Dem länger ich die Arme liebend nicht
Entgegen breite; denn gefährlich wär's,
Das feindliche Geschöpf an's Herz zu ziehn.
So geb' ich denn es jener Nacht zurück,
Die es gebar! — (er geht auf die Thür zu, Antipater kommt ihm entgegen)
Gut, daß du kommst. Hier bricht
Der Laut der Gnade sich am kalten Fels,
Und muß verstummen. —

**Antipater.** (leise)

Herr, die Knaben sind
Nicht von der Mutter mehr zurück zu halten.

**Herodes.**

Sie sollen nie ihr nah'n! — Und sorge gleich,
Daß nun auch ich ihr niemals mehr begegne.

**Antipater.**

Ich eile.
(für sich im Abgehn) Doch, den Söhnen muß ich's gönnen,
Die Mutter heimlich noch von fern zu sehn.

(Herodes will ihm folgen, bleibt aber in der Thür stehen)

**Mariamne.**

Laß mich — die Kinder sehn!

**Herodes.**

Nie locke sie
Der Mutter Auge von des Vaters Brust.

(Mariamne sinkt auf die Bank nieder. Alexander und Aristo sind oben hinter den Säulen sichtbar. Hinter ihnen Antipater)

**Alexander.** (leise)

Da ist sie!

**Aristo.**

Weh', — wie bleich!

**Antipater.**

Still! bleibt versteckt!

**Herodes.**

Der letzte Traum zerrinnt. Schon sah ich dich,
In dieser Zeit voll drohender Gefahr,
Als meine Stütze, — meine Königin!
Ich sah dich vor dem Römer stehn, der jetzt
Hohnlachend fragt, ob meine Krone mir
Gebührt. — Vor deinem Bilde, vor dem Glanz

Der schönsten Perle meiner Krone, wich
Zu Boden schnell des Römers Blick, und er
Gestand sich still: wer diesen Schatz errang,
Wer sie zur Königin gewann, der muß
Der König sein! — doch alles dies ist hin!

**Mariamne.** (sich erhebend)

Das ganze Trugbild deines Königthums
Zerreißt der Arm des Herrn, doch mich enthebt
Er jetzt der Schmach, mit dir die Lüge zu
Vertheidigen, und wo die Frage tönt,
Ob du der König bist in Israel,
Da ruf' ich laut: Du bist es nicht! Ich ruf's
Im Tode noch, du aber sollst den Ruf
Der Gattin hören, wo du immer sei'st,
In dunkler Einsamkeit, im bangen Traum,
Vor jeder finstren That, die du beginnst,
Den Ruf von mir: der König bist du nicht!

**Herodes.**

Ha, welche Flamme sprüht an mir empor!
Zertreten muß ich sie!

(Bewaffnete treten aus dem Portal)

Wohlan! Dies war
Dein letzter Giftpfeil!

(er spricht leise mit dem Führer und geht schnell ab)

**Alexander.** (leise)

Himmel! Was geschieht!

**Mariamne.** (für sich)

Die letzte Tochter eines Heldenstamms
Sie endet ungebeugt! (sie wird abgeführt)

**Alexander und Aristo.** (rufend)

O Mutter! Mutter!

**Mariamne.** (zurückblickend)

Was seh' ich! Ach nur einmal noch zurück!
Nur noch zum Scheidegruß!

(Will sich losreißen, sinkt nieder, wird aber durch die Pforte zur Rechten geschleppt. Alexander und Aristo gleich darauf herausstürzend und von Antipater gefolgt.)

## Sechster Auftritt.

**Alexander.**

Dort! jene Thür! (sie rütteln daran) Der Riegel springe, dran
Die Kindesliebe rüttelt! Auf! das Eisen
Kann nicht so grausam, wie die Menschen, sein!

**Aristo.**

Umsonst!

**Alexander.** (horchend)

Und bange Stille drinnen!

**Antipater.**

Laßt
Das Rütteln! Stört die Mutter nicht im Schlaf.

**Glaphyra.** (von der rechten Seite eilig heraustretend)

Welch Klagen hör' ich! Mich erdrückt das Haus!

**Alexander.** (ihr entgegen eilend)

Geliebte, hilf! Bestürme diesen Riegel,
Der von den Söhnen hier die Mutter trennt.

**Glaphyra.** (nach dem Palast gewandt)

Ich rufe Diener!

**Aristo.**

Still! Jetzt hör' ich Tritte.

**Alexander.**

Die düstre Pforte thut sich auf!

**Antipater.**

Zurück!

**Aristo.** (die Bewaffneten erblickend)

Ha, diese schleppten sie hinein!

**Alexander.** (zu dem Führer)

Warum verbirgst du dieses Schwert?

**Antipater.** (zu den Leuten)

Hinweg!

(sie gehn ab. Antipater mit)

**Aristo.**

Barmherz'ger Gott! Ich sah den Stahl geröthet!

**Alexander.**

Zur Rache gebe was wir sehn uns Kraft.

(Alexander und Aristo hinein)

**Glaphyra.**

Ich kann nicht folgen, — vor dem Schreckensgang
Sträubt sich mein Fuß — die Erde hält mich fest
Und schaudert selbst bei dieser Last des Jammers,
Die sie zu tragen hat. (horchend) Ein Klageschrei
Dringt aus dem nächtlichen Gewölb' empor —

(sich aufraffend)

Mein Auge, ströme denn auch deinen Schmerz
Auf das entseelte, heißgeliebte Bild! —

(folgt den Brüdern)

Dunkle Felshöhle.

## Siebenter Auftritt.

(Man hört von außen an die Wand hämmern. Ein Spalt öffnet sich. Fackelschein dringt hindurch.)

**Herodes.** (von außen)

Den Stein hinweg! Der Gang ist frei! Mir nach!

(Er tritt ein. Ihm folgt Joab mit einer Fackel)

**Joab.**

Ha, dumpf und kalt! Feucht rinnt es von den Wänden!

**Herodes.** (hinausrufend)

Herein, ihr Memmen! (einige Diener mit Fackeln treten ein)
Erst das Vorgemach
Ist dies, noch seid ihr bei den Todten nicht.
Auf! Schwingt die Fackeln durch die dumpfe Luft!
Der Erde Feuer begrüße reinigend
Der Todten Kluft. Säumt ihr!

**Erster Diener.**

Herr, laß uns erst
Am Quell der Wächter Blut abwaschen, die
Wir würgten.

**Joab.**

Wer in Blut den Todten naht,
Erzürnt sie, Herr, und fällt zur Erd' und stirbt.

**Herodes.**

Ihr Tröpfe, gab ich euch nicht Wein, um Wahn
Und Furcht aus eurem Hirn zu spülen? Noch
That Bacchus nicht genug an euch. — Trinkt mehr!
Wein her! — der König selbst schenkt euch ihn ein!
(sie trinken) Sprengt Wein auf eure Hände, das gefällt
Den Todten, ja, sprengt ihnen selbst den Wein.
(er sprengt Wein in die Höhle)
Labt euch am Blut der Traube! Trinkt, ihr Todten!

**Joab.**

Ein Schauer jagt durch das Geklüft.

**Diener.**

Welch Brausen!

**Herodes.**

Das ist der Zugwind, der durch jenen Spalt
Herein sich drängt. Glaubt, Alles geht auch hier
Natürlich zu, wie in der Welt des Tages.

An's Werk jetzt! Leuchtet mir — (sie beleuchten die Wände)
ob dieser Fels
Kein Zeichen trägt, wo er den gold'nen Sarg
Des Königs birgt.

**Joab.** (für sich)

Der Fels weint nur, das ist
Die einz'ge Sprache, die er hat, und die
Kein Mensch versteht.

**Herodes.**

Halt, hier! An diesem Block
Sieht man die Spur der Menschenhand.

**Diener.**

Hab' Acht!
Hier klafft der Spalt auf! Das ist von Hyrkan's
Besuch. Die Fackel an den Spalt! — Was seh' ich!
Graunvoll! Tief unten auf dem dunklen Grund
Ein Todtenbein!

**Zweiter Diener.**

Vielleicht der Sklav Hyrkan's,
Der hier versank, als dieser Grund sich aufthat.

**Herodes.**

Glaubt's nicht, und fürchtet nichts. Kein Wunder hat
Den Grund gespalten. Diese Grube schuf
Der Priester List, verweg'ne Füße drin
Zu fangen. Wir vermeiden sie und lachen.
Doch seht! Da sind Schriftzüge, hoch von des
Jahrtausends Schlamm bedeckt. — Les't!

**Diener.** (lesen)

David's Grab!

**Herodes.**

Auf denn! Die Eisen ein! den Block hinweg!
(sie beginnen den Block zu heben)

**Herodes.** (für sich)

Sei ruhig, königlicher Schläfer, als
Ein stiller Maulwurf unterwühl' ich nur
Den Boden dieser Welt —
Zusammen breche das alte Jerusalem!
Das neue blühe, das mein Stamm beherrscht.

(der Stein ist fort und das Grab sichtbar)

Ha, schwarzer, unbetret'ner Hades, nimm
Mich auf! Die Fackeln vor! (die Diener zögern einzutreten)

**Herodes.**

Joab!

**Joab.**

Der Herr befiehlt, — sein Knecht gehorcht.

(Joab geht mit der Fackel vor. Ihm folgt Herodes, dann nahen sich einige Diener dem Eingang. Sobald die Fackel das Innere erreicht, zeigt sich daselbst ein Flammenschein. Herodes tritt zurück, Joab stürzt am Eingang nieder)

**Diener.**

Die Hölle brennt! Zurück!

(sämmtliche Diener treten an den Ausgang der Felshöhle)

**Zweiter Diener.**

Der König selbst
Ist bleich und bebt.

**Herodes.** (mit bewegter Stimme)

Bebt? Bleich? — der König nicht!
(für sich) Seltsam!

**Diener.**

Herr, laß uns flieh'n! Nur Schreck und Grau'n
Füllt dieses Berges Schooß.

**Herodes.**

Bleibt! Fürchtet nichts.

Welch eine Macht wirft Feu'r auf mich und grollt,
Weil ich ihr nah'?! War's Gottes feuriger Hauch,
So trotz' ich ihm! Der Grund ist mein, und mein
Was er begraben hält. Die Hölle ruf'
Ich an zum Bund! Feind dieses Gottes, du
Begleite mich beim schauervollen Gang
Zu meinem Eigenthum, und sich'ren Tritt
Gieb meinem Fuß'! — — — Thorheit! Kein Wunder war
Der Feuergruß. Des Todes häßliche
Versteckte Dünste schämten vor dem Strahl
Des Lichtes sich und lohten zischend auf,
Verbrennend an den Fackeln der Lebend'gen.
Es flieht der Todten scheuer Geist vor uns,
Und, — zagt ihr noch, so tret' ich ohne Fackel
Allein jetzt in die Finsterniß. (er schreitet in die Gruft)
Empfangt
Den König still und regt euch nicht, ihr Schatten!
(er verschwindet im Innern des Grabes)

**Diener.**

Er wagt es! Lebend kehrt er nicht zurück.
Still ist es in der Gruft. Sein Tritt ist nicht
Zu hören mehr. Horcht! Dumpf erhebt ein Donner
Sich grollend aus der Tiefe jetzt. Es bebt
Der Boden unter uns.

**Herodes.** (tritt hervor, eine Krone in der Hand)

Da bin ich!

**Diener.**

Ha!

**Herodes.**

Seht hier, mein Siegeszeichen! (er setzt sich die Krone auf das Haupt)
Ob mich Nacht

Umgab, aus meinen Augen sprühte Licht,
Und Davids gold'ne Waffen, Rüstungen
Und gold'ner Sarg erglänzten hell. Ich nahm
Vom Sarg die Krone, meine Krone mir.

**Diener.**

Der König lebe!

**Herodes.**

Schuf ich Muth euch jetzt?
Bin ich nicht Herr, bin ich der König nicht
In Israel! (nach einer Pause heftig zusammenschreckend)
(leise) Wer spricht hier? — — Ihre Stimme!
„Du bist es nicht" — ihr letztes Wort! —

**Diener.** (ihn unterstützend)

Was schreckt
Den König?

**Herodes.** (um sich blickend)

Hörtet ihr — die Stimme nicht?

**Diener.**

Ich nicht. (alle) Wir hörten nichts.

**Herodes.**

Nichts? Gut, — es war
Ein Traum, — war Sinnentrug! — Doch fühl ich mich
Gelähmt — an Seel' und Leib.

**Diener.**

Nichts regt sich hier.

**Herodes.** (für sich)

Ich weiß — was ich gehört! — — Und war's ein Spruch
Aus Geistermund — Herodes lebt! — — Es kämpft
Der Mensch — bis an den Tod! — der wilde Strom
Wälzt unaufhaltsam fort sich bis zum Meer —

Er kann — er will zur Quelle nicht zurück!

(sich gewaltsam aufraffend)

Hinein jetzt, sag' ich euch! Schafft mir das Gold,
Mein Gold! Ich muß es haben! — Todtenmund,
Du lügst! Am Sarge Davids lüge jetzt
Auf's Neu! — Ich schaudre nicht zum zweiten Mal!

(er wendet sich, gefolgt von den Dienern, dem Innern des Grabes zu)

# Vierter Act.

Halle vor Herodes Palast, wie im dritten Act.

## Erster Auftritt.

(Antipater tritt, sich umblickend, aus dem Palast. Die Pharisäer Gamaliel und Elieser kommen von der andern Seite.)

**Antipater.**

Da seid ihr, fromme Meister in Israel!
Schenkt mir Vertrau'n, denn ich verdien's um euch.

**Gamaliel.**

Seltsam! Wer kann so leicht dem Wolfe trau'n,
Der so viel Leid schon unsrer Heerde that.

**Antipater.**

Gemach! ich bin kein reißend Thier! Und war
Ich sonst dergleichen — jetzt bin ich ein Lamm.

**Elieser.**

Wer hat dich so verwandelt?

**Antipater.**

Fragt ihr noch?
Die theuren Knaben, meine Brüder! Nur
Auf ihre Wünsche lausch' ich als ihr Sklav,
Mit ihnen hoff' ich still für Israel.
Herodes Thaten sind mir jetzt verhaßt,
Er hat mit Blut stets seine Hände, mit
Aristobul's und, ach, Mariamnens Blut
Befleckt —

**Gamaliel.**

Die Macht der Hölle stand ihm bei.

Antipater.

Und jetzt! Woher ward ihm die Menge Goldes
Womit er vor August sich brüstete?

Elieser.

Man weiß es!

Gamaliel.

Durch der Erde Tiefen hallt
Ein dumpfer Schrei nach Rache.

Antipater.

Sicherlich!
Ich schreie mit! Auch traf der Zorn des Herrn
Ihn schon. Er ist seitdem an Seel' und Leib
Gebeugt, und schwer, wie von Gewissenspein,
Senkt er sein finstres Haupt. Er raffte kaum
Sich vor August empor.

Elieser.

Fluch über ihn!

Gamaliel.

Die Pest!

Antipater.

Die Hölle! Ja, ich denke ganz
Wie ihr. Jetzt hört. Wenn ihr Schamai aus
Des Kerkers Nacht befreit, so könnt' er, als
Des hohen Rathes Haupt, ihn vor August
Verklagen. Hättet ihr den Muth dazu?
Was frag' ich, Muth habt ihr gewiß — doch würdet
Ihr's wagen, euren Muth zu proben? Sprecht!

Elieser. (zu Gamaliel)

Trau' nicht dem Rath der Bösen! Lieblich klingt
Ihr Wort, und Honig füllet ihren Mund,
Doch für die Guten ist es Gift und Tod.

**Antipater.** (zutraulich)

Mein guter Rabbi! — Ja, ich seh's, ihr stoßt
An meinen munteren Sitten euch. — Ich bin
Der Eure, — bin ich auch nicht ganz wie ihr.
Das Haupt versteh' ich nicht, wie ihr, gebeugt
Zu tragen, auch der häuf'ge Blick empor
Zum Himmel fällt mir schwer, es quillt mein Mund
Nicht so von Salbung, wie der eurige,
Und das Gesetz und die Propheten, die
Ihr immer auf den Lippen tragt, sie sind,
Aufrichtig, mir nicht im Gedächtniß so
Wie euch, — doch bin ich noch gelehrig. Kurz,
Beim Herkules! — verzeiht — beim Moses! Ich
Bin ganz der eure, bin ein Jude, ganz
Wie ihr!

**Gamaliel.** (spöttisch)

Ein Jude, du?

**Antipater.**

Wie fremd es klingt,
Glaubt mir's, mein innerstes Gemüth ist jüdisch,
Ist pharisäisch, wie das eure!

**Elieser.**

Das
Beweis' uns durch die That!

**Antipater.**

Ist schon geschehn!
Schamai's greises Haupt, dem selbst ich einst
In Blindheit nachgestellt, verfallen wär's
Dem Henkerbeil, hielt' ich den König nicht
Bis jetzt noch von der Bluthat ab. Ihr kennt
Schamai's Kerker —

**Gamaliel.**

Ein dumpf Verließ voll Nacht
Und Grau'n.

**Antipater.**

Den beiden Prinzen ist es, bei
Des Königs Zorn, versagt, der Mutter Freund
Zu sehn, — doch sehn sie ihn! durch meine Hülfe!
Der Schließer, — wenn er diesen Ring erblickt,
Folgt dem Befehl, der ihn begleitet. Scherzend
Ließ ich ihn jüngst mir von den Brüdern stehlen —
Sagt — bin ich nicht ein Jude, ganz wie ihr?

**Elieser.** (für sich)

Soll man es glauben?!

**Antipater.**

Sie wagten nicht, ihn zu
Befrei'n, doch seinen finst'ren Aufenthalt
Vertauschten sie mit einem leidlichern —
Und auch — bequemeren — zur Flucht! — Wer an
Das Fenster, rechts vom Thor, die Leiter legt,
Der sieht gewiß gar bald den edlen Greis
Heruntersteigen, und — — ihr wißt genug!
Augustus weilt auf Rhodus noch, und hier
Ist Gold — zur Reise.

**Gamaliel.** (für sich)

Träum' ich?

**Elieser.**

Sei gesegnet!
Verwandelt ist dein Herz!

**Antipater.**

Eilt jetzt! Lebt wohl!
(zutraulich) Wir werden immer besser uns verstehen.

(die Pharisäer ab)

(ihnen nachblickend) Ich euch zumal! Ihr mich? So viel als noth.
Ein herrlich Volk — wenn man's zu nutzen weiß!
Fortan sind's meine Freunde! Will ich mir
Ein Haus auf den Ruinen bau'n, die bald
Sich zeigen werden um mich her, so muß
Mir dies Geschlecht dazu die Steine tragen.
Herodes sucht es auszurotten — mag
Er sehn, wie weit er kommt. Ich sorg' indeß,
Daß ihm Mariamnens Brut zu schaffen macht,
Bis er sie knirschend aus dem Neste wirft,
Dann rückt auf ihren Platz — ein Anderer,
Der für die Ehre dankt, ihr Sklav zu sein.

## Zweiter Auftritt.

(Alexander und Aristo treten aus dem Palast)

**Antipater.**

Willkommen Brüder! Doch so mißvergnügt?

**Aristo.**

Scheint dir's? So sorge, daß wir fröhlich sind.

**Antipater.**

Es wird euch Alles doch nach Wunsch gemacht:
Des Vaters Hof, wo sonst die Ueppigkeit
Mit losem Zügel gaukelte, er hat
Sie ganz verbannt, — weil ihr die Tugend liebt.
Und, wehrt der König den Verkehr euch mit
Den Frommen auch, durch eures Bruders Dienst
Wird der Genuß euch doch zu Theil. Was wollt
Ihr mehr! Versucht, mit mir euch zu zerstreu'n!
Die Abendluft mit lauem Flügel lockt
Mein Herz zur Lust. Wohlan, trinkt Wein mit mir!
Noch ist Falerner da, den ihr aus Rom

Gebracht. — (nach dem Palast gewandt)
He, Sklaven, bringt uns Wein!

**Aristo.**

Ich brächt'
Ihn gern Schamai, dem gefang'nen Greis
Zur Labe.

**Antipater.**

Ha, du kleiner Dieb! Vor dir
Ist wohl mein Ring schon wieder in Gefahr?

**Alexander.**

Ich leugn' es nicht, daß ich im Kerker ihn
Besucht.

**Antipater.** (sich überrascht stellend)

Du hast — sprich nicht zu laut.

**Alexander.**

Und wenn
Der König früge, sagt' ich's offen ihm.

**Antipater.**

Das wäre viel gewagt.

**Alexander.**

Noch hoff' ich, daß
Der Vater Leben ihm und Freiheit schenkt.

(Sklaven mit Wein und Früchten aus dem Palast)

**Antipater.**

Taucht euren Gram jetzt in die Fluth des Weins!

**Aristo.**

Wie gern ertränkt' ich ihn! Doch, ach, der Odem
Des düsteren Gesellen ist zu lang!

**Antipater.**

Den Fels des Willens bind' ihm an den Hals!
Seht dieses Rebenlaub! Nach euren Scheiteln

Trägt es Verlangen. Nehmt's! (er setzt ihnen Kränze auf)
Es gilt der Liebe! (sie lassen sich am Tisch nieder)

**Aristo.**

Heitrer Trank! Versuch'
An meiner Seele, was du kannst!

**Alexander.**

Der Wein
Erinnert mich an Rom, wo ich ihn, noch
Das Herz voll Sehnsucht nach der Heimath, trank.

**Antipater.**

O säh' der König euch so froh bekränzt!
Schick' einen vollen Becher ihm, Aristo,
Das wird sein Herz erfreu'n.

**Aristo.**

Ach, wenn's sein Herz
Mit Mild' erfüllte, thät' ich's gern.

**Antipater.** (mit dem Becher auf die Thür zugehend)

He, Sclav!
(für sich) Herodes trinkt ihn nicht — doch schöpf' er draus
Den Geist des Argwohns — dafür sei gesorgt!
(er wirft etwas hinein)
(zum Sclaven) Dem König von Arist!
(zu Aristo) Mit welchem Gruß?

**Aristo.** (zum Sclaven)

Sag' ihm, — er möcht' es machen, wie der Wein,
Der aller Herzen Kerker fröhlich öffnet,
Und frei giebt was darin gefangen liegt.
Wer wird den Wein drum schmäh'n, den ächten König
In seinem heit'ren Reich! — So möcht' auch er —
Genug! Das sag' ihm nur! —
(der Sclav mit dem Becher ab)

Antipater. (spöttisch)

Es wird ihn freu'n. Der „ächte König“ wird
Sogar vielleicht ihm schmeicheln.

Aristo.

Ach, das Wort
Erwägt' ich nicht.

Antipater.

Das ist es eben. Doch
Trinkt weiter! Ich erzähl' euch einen Spaß,
Der heut noch vor sich geht. — Ihr wißt, der König
Hat heut, August zu Ehren, das Thor des Tempels
Stolz mit dem Adler Rom's geschmückt.

Aristo. (aufspringend)

Was that er?!

Alexander.

Ich wußt' es schon, doch ich verschwieg es dir.

Aristo.

Er wagt's, Jehova's Tempel zu beschimpfen,
Nur um dem schnöden Freund zu schmeicheln, den
Er sich erkauft!

Alexander.

Sei nicht so ungestüm!
(auf ihn zugehend) Nicht weiß ich, ob es Gott beschloß, daß wir
Den Tag der Rache schau'n — jetzt ziemt uns noch
Geduld, und bei der Mutter Schatten bitt'
Ich dich, sei still und schweigsam. Jeder Stein
Hat Ohren hier.

Aristo.

Rom's Adler auf dem Tempel!
Dann glaub' ich auch, daß Davids Grab er frech
Geplündert hat.

**Antipater.**

Laßt das Geschwätz! Und hört
Mich weiter! Das wird euch beruhigen.
Der röm'sche Vogel bleibt auf diesem Platz
Nicht lang', die braven Horcher, die den Stand
Des Wetters mir, des Windes Wehn mir stets
Vorherverkünden, raunten schon mir zu,
Daß eine Schaar von edlen Jünglingen
Sich kühn verschwor, den Spatz da zu verscheuchen.
Und das geschieht vielleicht heut Abend schon.
Ich wäre gern dabei.

**Aristo.** (für sich)

Und uns bedeckt
Der Kranz der Lust indeß? (wirft den Kranz ab)

**Alexander.**

Die Armen! Vor
Der Thorheit müßte man sie warnen.

**Aristo.** (laut)

Ja,
Ich will sie warnen!

**Alexander.**

Sende Joab!

**Aristo.**

Gut!
Ich sende Joab.

**Antipater.** (für sich)

Oder — du gehst auch selbst.

(Aristo ab zur Linken)

(zu Alexander) Nun sprich, was hat das hochverehrte Haupt
Der Pharisäer dir für Rath ertheilt?

**Alexander.**

Besucht' ich ihn?

Antipater.

Das hast du schon gesagt.

Alexander.

Hast du's gehört? Dein Ohr ist viel zu gut.
Nicht um mir Rath zu holen sucht' ich ihn
Im Kerker auf, nur um Mariamnens Namen
Zu hören aus des Greises Mund, — denn nicht
Von Jedem hör' ich diesen Namen gern.

Antipater.

Sprich nicht so deutlich, Bruder: ich versteh'
Dich längst schon besser, als du mich.

Alexander.

Doch gab
Der Greis mir einen Rath zugleich: daß ich
Herodes mehr vertrauen sollt' als — dir!
Dem folg' ich gleich, und sag' ihm, daß ich bei
Schamai war. (geht der Thür zu)

Antipater.

Thu's.

## Dritter Auftritt.

Salome. (Alexander aus dem Palast entgegentretend)

Unglücksel'ger! Was
Hast du gethan?!

Alexander.

Was ist geschehn?

Salome.

O daß
Du es nicht wüßtest!

Alexander.

Sprich!

**Salome.**

Schamai's Kerker
Ist leer!

**Alexander.**

Verrath! Wer that das!

**Salome.**

Eben kommt
Ein Wächter, der's dem König melden will.
Er schläft, drum ließ ich ihn nicht vor.

**Alexander.** (für sich)

Jetzt kann
Ich's nicht mehr sagen, daß ich bei ihm war.

**Salome.**

Du bist verlegen, Kind. Oft warnt' ich dich!
Was bleibt dir jetzt, als auch zu fliehn?

**Alexander.**

Ich fliehn?

**Salome.**

Die Nacht beschützt dich. Gott beschütze dich!
Flieh', Kind!

**Alexander.**

Ich that es nicht! Bei Israels
Heil, das ich still erwarte, that ich's nicht!

**Salome.**

Gelobt sei Gott!
(auf Antipater blickend) Und doch droht hier Gefahr —

**Antipater.**

Beruhigt euch! Dem Greis wird nichts geschehn.
Er hat den Vorsprung dieser Nacht zur Flucht,
Und unsre Jäger sind auf andres Wild

Schon aus. Auch darf der König nicht zu früh
Es wissen, — er bedarf der Schonung.

**Salome.**

So
Zu trösten weiß nur, wer genau den Stand
Der Dinge kennt.

**Antipater.** (sich verneigend)

Und wer ein Freund der Frommen —

**Salome.**

So wie der Marder Freund der Tauben ist.

**Alexander.**

Leb' wohl!

**Salome.**

Wohin mein Kind —

**Alexander.**

Selbst prüfen muß
Ich jetzt den Bau, der unter mir erbebt.
Dann kehr' ich gleich zu dir. (geht ab)

**Salome.** (an Antipater vorübergehend)

Bist du im Spiel,
Dann bist du auch verloren.

**Antipater.**

Was hab' ich zu
Verlieren? Worte nur! Das überlass'
Ich dir!

**Salome.**

Und du wirst keine finden, die
Dich retten, wenn es durch die Nächte der
Verbrechen tagt. (ab)

**Antipater.** (ihr nachblickend)

Beim Gott der Donner — da

Läuft eine gift'ge Spinne, die ich noch
Zertreten muß. (Pause. — Lärm hinter der Scene)
Was giebt's? (sich umblickend) gefang'ne Mäuse!

## Vierter Auftritt.

(Bewaffnete mit Gefangenen, unter welchen Aristo, der besonders geführt wird, von der linken Seite auftretend. Diener aus dem Palast.)

**Antipater.** (zu den Dienern)
Ruft schnell den König! (Diener ab)

**Hauptmann.**
Den Adler rissen sie
Vom Tempel!

**Antipater.** (ohne die Gefangenen anzusehen)
Pah! ein Scherz der Jugend nur!

**Hauptmann.** (leise)
Doch auch ein Sohn des Königs —

**Antipater.**
Still für jetzt.

(Herodes tritt mit Boas, dem Arzt, aus dem Palast. Gleich darauf Salome.)

**Herodes.** (zum Arzt gewandt)
Ha, kühle Luft — thut mir so wohl, — warum
Verwehrst du mir's!

**Boas.**
Herr, hüte dich vor Zorn.
Willst du genesen, halte die Sorgen fern.

**Herodes.**
Ein König ohne Sorgen! — Wieder Lärm?
Was giebt's?

**Antipater.**
Herr, zürne nicht. Hör' auf den Arzt.

Den röm'schen Adler nahmen sie vom Tempel —
Doch —

**Herodes.**

Höhnt mich die Hölle? Meines Freundes Zeichen,
Das Zeichen Rom's beschimpft! — Zum Tod sie Alle!
Der Strick ihr Lohn! Milchbärt'ge Thoren!

**Hauptmann.**

Auch —
Dein Sohn —

**Herodes.** (Aristo erblickend)

Die Erde wankt! Was muß ich sehn!

**Salome.**

Allmächt'ger! Ist das Rad des Unheils schon
So weit gerollt!

**Herodes.**

Einen Sessel! Wer mir sagt
Ich träume, den belohn' ich königlich. (er läßt sich nieder)

**Antipater.**

Herr, ein Versehn! Sei ruhig. Er ist ein Kind.
Zuschauer war er bei dem Streiche nur.

**Aristo.**

Du lügst! Ich war der Führer dieser Schaar.

**Herodes.** (das Haupt erhebend)

Ich wache doch! Und kann's — auch zeigen, — daß
Ich wache. — Bube! — Ach — mein Sohn! der Wein
Verschuldet was du thatest.

**Aristo.**

Nein, ich selbst.
Der Tempel Gottes ward durch dich entehrt.
Ich dulde nicht der Heiden Zeichen drauf,
Und büßt' ich's mit dem Tode.

**Herodes.**

Höre denn
Des Königs Willen. Dir ist's gut, allein
Zu sein, in stiller Haft, bis du erkannt,
Daß du gefehlt, und dann bereit bist, selbst
Den Adler wieder aufzupflanzen, wo
Er stand.

**Aristo.**

Die Hand verdorre mir, die je
Das thäte. Sprecht, wollt ihr's thun?

**Gefangene.**

Nimmermehr!

**Herodes.**

Genug! (schmerzlich) Ist dies mein Sohn? —
(für sich) Was fällt mir ein!
Der Knabe hat mir heut Falernerwein —
Gut, daß ich ihn nicht trank. Man soll ihn prüfen.
Ha, Schlangenbrut! — (laut) Geh', Bube, bis die Zeit
Den Nacken dir gebeugt. Ich will fortan
Dir Strenge zeigen, wie der Römer Brutus
Sie seinen Söhnen wies.

**Aristo.**

Sei mir ein Brutus!

**Salome.** (leise)

Schweig, Kind! Bei deiner Mutter Namen, schweig!

**Aristo.**

Entmenschter Zwingherr meines Volks,
Ich nenne nie dich Vater mehr! Du bist
Aristobuls, du bist Mariamnens Mörder,
Des großen Königs Grab hast du beraubt
Und feile Freunde dir mit Gold erkauft.

Spott treibst du mit dem Herrn des Himmels und
Der Erden, Israels allmächt'gem Gott,
Stellst auf den Tempel deinen röm'schen Raben —
In den Staub, dir vor die Füße werf' ich ihn!

**Herodes.**

Jetzt bin ich ruhig; — denn ich habe dich
Erkannt. Hinweg! Mir aus den Augen.

**Aristo.** (aufathmend)

Ha,
Wie frei ist mir um's Herz!

(wird mit den übrigen Gefangenen abgeführt)

**Herodes.**

Mit diesem mußt'
Es einmal dahin kommen! Anders ist
Sein Bruder. — Salome, was denkst du, sprich,
Du kennst sie beide. Hab' ich nicht noch einen, —
Noch einen Sohn, der meinem Herzen bleibt?

**Salome.**

Mein Bruder! — Weh' uns! — Der die Herzen lenkt,
Behüte deine Söhne!

**Antipater.**

Ein's vernimm
Zum Trost, o Herr. Die armen Knaben, wenn
Sie fehlen, sind allein nicht Schuld. Es kann
Nicht anders sein, denn das Geschwätz der Weiber
Vergiftet ihnen Herz und Sinn, verführt
Zu aller Thorheit sie.

**Herodes.**

Wer sind die Weiber?
Erlöschen soll der Quell des Gifts noch heut.

**Antipater.**

Vor allen — Salome!

**Herodes.**

Verwegener!
Betaste meines Hauses Demant nicht.
Uns Alle wohl drückt Schuld. Sie aber — — komm,
Komm an mein Herz, geliebte Schwester! Tröste
Das blutende, beklomm'ne Vaterherz.
Sprich, bleibt mir Alexander nicht?

**Salome.**

Mein Bruder —

**Antipater.**

Dem hat sie heute noch zur Flucht gerathen.

**Salome.**

Elender!

**Herodes.** (schrickt zusammen, dann für sich)

Nein — sie erbleicht nicht. (laut) Ruft ihn!

(Diener in den Palast)

(nach gewonnener Fassung)

Dein sanftes Wort, das täglich mich erfreut,
Dein Rath — was dank' ich dir! Auch diesen Arzt,
Der mir, ich fühl's, Genesung schafft, hast du
Mir zugeführt. Ja, der Essäer hat
Mein Herz gewonnen. Seine Frömmigkeit
Ist besser, als der Pharisäer Art,
Und, ob sie gleich ihm feindlich sind, bewirft
Er nicht mit Spott sie, wie ich selbst es that.
Bin ich bei euch, so fühl' ich reiner mich
Und menschlicher, als ich mir sagen darf,
Zu sein — (auf Salome blickend)
Ja, könnt' auch solch ein Herz mich täuschen,
Dann wär' die Welt ein Spiel verworfner Mächte
Und jedes Menschen Geburt beklagenswerth.

Hätt' ich die Erde dann in meiner Hand
Als Gott, voll Abscheu würf' ich sie in Trümmer.

**Antipater.**

Und dennoch, Herr, — du weißt, ich schwöre nie,
Weil irren menschlich ist; doch schwör' ich bei
Den reinen Sternen und bei der Freud' am Reinen,
(sich spöttisch verneigend)
Der ein Gefall'ner auch sich rühmen kann,
Daß sie zur Flucht heut Alexander rieth.
Hier stand er. Sie stand dort. Sprich, thatst du's nicht?

**Salome.**

Mein Ja zermalme dich, Verworfner! Ja
Ich that's! (Herodes sinkt in die Arme des Arztes)
(zu Antipater) Vor dir zu fliehen rieth ich ihm!
Du bist die Natter, die ihn stets umschleicht!
Dein Werk ist's, daß noch eine bange Botschaft
Des Königs harrt. — O armes Vaterherz!
(zu Herodes) Vernimm, — ein Bote wartet lange schon
Auf dich! Doch, eh' du mit ihm sprichst, leih' mir
Dein Ohr!
(schmerzlich) Herodes! viel zu tragen hast
Du noch, — ich trag' es mit!

**Herodes.**

Noch mehr zu tragen! —

**Boas.**

Ihr tödtet ihn! Ich fühle meiner Pflicht,
Herr, mich entbunden, wenn du mich nicht hörst.
Gieb Leib und Seele Ruh'.

**Salome.**

Ja, ruh' zuvor.
Du bist erschöpft. Komm, sei mit mir allein!

**Herodes.** (zu Antipater)

Verlaß uns!

**Antipater.**

Herr, gesprächig ist der Mund
Der Frauen; doch, ich weiß, das Ohr des Königs
Hört auf Beweise nur. (verneigt sich und geht)

**Boas.**

Laß ab! Bedenk',
Der König ist zu schwach —.

**Herodes.** (zu Salome)

Zu schwach! — Doch, ja!
Dich zu verlieren, wär' ich viel zu schwach! (umarmt sie)
Herodes schwach! Herakles hat als Säugling
Mit nerv'ger Faust zwei Schlangen schon erwürgt,
Herodes, sag' ich, kann das sterbend noch!
Jetzt kommt! Ich bin gefaßt. (Alle in den Palast)

Garten, wie im zweiten Act.

## Sechster Auftritt.

(Alexander tritt auf, sich umschauend.)

**Alexander.**

Glaphyra! Warum säumst du heut, wo kaum
Mir Athem bleibt für deinen theuren Namen!
Wo bist du? Komm'! Sonst seh' ich nie dich wieder.
(sich auf die Bank niedersetzend)
Still Herz! Du hast genug der trägen Ruh'
Gepflegt und darfst dich nicht empören jetzt
Zur Zeit der Noth.
(einen Dolch ziehend) Verrostet! und — die Seele
Des Zaud'rers ist es auch! Ha, bist du nicht
Mariamnens Erbschaft! Und ich habe dich

Verschmäht, mit zagender Hand bei Seit' gelegt
Auf eines Kindes, — auf Glaphyra's Bitte!
Weh' mir, daß sich mein Ohr dabei nicht schloß,
Der Mutter Geist blickt zürnend jetzt auf mich
Herab. Jetzt spannt ein Netz schon unentrinnbar
Sich um mich aus, die schwarze Schlinge schleicht
Mit rächender Gewalt schon nach der Hand
Des Zaud'rers, — noch ein Zug — dann ist's zu spät!
(aufspringend) Zu spät? — Noch bin ich frei!

(Glaphyra tritt auf)

**Glaphyra.**

Gott steh' uns bei! — Geliebter, flieh! — Was soll
Der Dolch?

**Alexander.**

Glaphyra, warum heut so spät?

**Glaphyra.**

Ich hörte Lärm und floh zu Salome.
Was willst du mit dem Dolch?

**Alexander.**

Du weißt es, kennst
Den Namen, den mit leiser Geisterhand
Marianne, lesbar nur dem Blick des Sohns,
Auf dieses Stahles Spiegel schrieb, — und ob
Du ihn mit deinen Thränen ausgelöscht,
Er tritt hervor auf's Neue —

**Glaphyra.**

Alexander!

**Alexander.**

Du kennst das Ziel, wonach die Spitze strebt,
Das eins ist mit dem Ziele meines Lebens —

**Glaphyra.**

Halt ein! Dein Leben ist's denn nichts für mich?

Ist es allein geweiht — dem Vatermord
Und nicht mit einem Pulsschlag auch der Liebe?!
Der Schwur, in Blut nicht deine Hand zu tauchen —

**Alexander.**

Nur deinen Thränen gab ich nach. Jetzt bitt' ich dich,
Des Schwurs mich zu entbinden — weil ich muß.
Die Stunden sind gezählt, darin ich noch
Herr meines Armes bin. (sie umarmend)
Leb' wohl, Glaphyra!

**Glaphyra.**

Geliebter, nein! Ich laß dich nicht! Du siehst,
Die Liebe klammert sich an deine Sohlen,
Du möchtest gern hinweg sie schleudern, doch
Du kannst es nicht, bis du ihr Flehn erhört,
Ihr schmerzlich Flehen: halte deinen Schwur!

**Alexander.**

Wer glaubt es! Um Herodes weint Glaphyra!
Ihr Wipfel, dran der Geister Flügel streift,
Ihr Zeugen seiner Frevel, hörtet ihr's?
Ein reines Herz hegt Mitleid mit der Hölle!

**Glaphyra.** (sich erhebend)

Und wenn's der Sohn nicht fühlt, — ich fühl' es, ja!
Bevor ich ihn gesehn bebt' ich in Abscheu
Bei seinem Namen, doch, als ich ihn sah,
Die tiefe Schwermuth las auf seinem Antlitz,
Ergriff mich Mitleid mit dem Schuldigen.
Wer kann ihn anschau'n ohne Thränen, wenn
Er seine Söhne, wenn er dich umarmt!
Wer fühlt nicht seinen Jammer, wenn er nach
Mariamnens Schatten seufzt — Ihn straft der Herr,
Der Strafe seines Sohns bedarf es nicht!

Alexander.

Der Strafe Gottes durch den Arm des Sohns!
Nach Rache schreit Mariamnens Geist —

Glaphyra.

O glaub'
Es nicht! Und hätte sterbend sie's erfleht, —
Jenseit des Grabes lebt die Rache nicht!

Alexander.

Glaphyra —

Glaphyra.

O bedenk', was Salome,
Durch der Prophetin Mund belehrt, dir oft
Gesagt: Herodes ist nicht Israels
Einziges Unheil, und das einz'ge Heil
Des Volks ist nicht Herodes' Tod. Ein andres
Heil ist es, danach Israel, danach
Die Erde seufzt!

Alexander.

Was soll ich? Soll ich fliehn?
Ich schäme mich der Flucht.

Glaphyra. (bittend)

Geliebter, flieh!
Mein Vater holt mich nach der Heimath bald,
Flieh mir voraus nach Cappadocien!
Dort auf den Hügeln, wo ich deine Mutter
Ach einen flücht'gen Sommer nur gesehn,
Dort warten wir bis hier der zürnende
Vulkan verstummt.

Alexander. (nachdem er sie umarmt)

Nein! Nimmermehr!

Glaphyra.

Wohlan,

So bleib! Du wirst auf kurze Zeit vielleicht
Gefang'ner, aber als ein treuer Sohn
Erfunden, wirst du freier, als zuvor.

**Alexander.**

Ich weiß, der Schein ist gegen mich —

**Glaphyra.**

Mein Mund
Soll für dich sprechen, die Augen Salome's
Den Pfad entdecken, der zur Wahrheit führt —

**Alexander.**

Ich will zu Salome und hören was
Sie räth.

**Glaphyra.**

Gelobt sei Gott! — Ich geh' mit dir.

**Alexander.**

Zwei Engel streiten sich um mich. Wenn ich's
Mit Einem halte, zürnt der andre mir!
(im Begriff mit Glaphyra nach der linken Seite abzugehen)
Der König! (Alexander eilt nach der andern Seite)

**Glaphyra.**

Muth!

## Siebenter Auftritt.

(Herodes und Salome mit Gefolge treten auf.)

**Herodes.** (zu Alexander)

Du hast des Vaters Feind
Zur Flucht verholfen.

**Glaphyra.**

Nein! das that er nicht!

**Herodes.**

Warst du im Kerker bei Schamai? Sprich!

**Alexander.**

Ich leugn' es nicht — ich war bei ihm.

**Salome.**

Weh' mir!

Doch Alexander?! Dann — bist du — verloren!

(sie sinkt in Glaphyra's Arme)

**Herodes.**

Genug!

**Glaphyra.**

Verloren nicht!

**Herodes.**

Hinweg!

**Alexander.** (indem er abgeführt wird)

Leb' wohl, Glaphyra! Ich gehorchte dir!

**Herodes.**

Mariamne! — Hier sah ich in finstrer Stunde
Auch dich! Du nahmst mir Alles: erst dich selbst —
Und aus dem Grabe noch mit kalter Hand
Greifst du nach meiner letzten Freude jetzt!

**Glaphyra.**

Nein! Blick' empor! Die Todten sind versöhnt —
Und hier auch zögre nie ein edles Herz
Sich zu versöhnen mit den Lebenden!

# Fünfter Act.

Zimmer in Herodes Palast.

## Erster Auftritt.

(Herodes auf einem Ruhebett am Fenster. Der Arzt Boas. Tische mit Trinkgeräthen.)

**Boas.**

Muth, Muth, o Herr, der Kampf ist bald vorüber.

**Herodes.**

Dein Trank ist gut — schon fühl' ich leichter mich.
Muth — Muth — ich wäre glücklicher vielleicht
Bei wen'ger Muth. Wie der Alcide wagt'
Ich in den Orkus mich hinab, — nur kam
Ich nicht zurück, wie er: ich fühl's, ich bin
Noch jetzt darin. Als ich zum Reich des Lichts
Zurück mich wandte, folgte höhnend mir
Die ganze Hölle nach! Weh'! Glühend bläst
Ihr Odem noch mich an, vor Augen rings
Hab' ich ihr Feuer, und noch gräßlicher
Wühlt's in mir selbst, im innersten Gebein.
Weh'! Kühlung! Einen Athemzug!

(schlägt den Vorhang des Fensters zurück)

Ha, Dank,
Balsam'sche Luft! Seid mir gegrüßt, ihr Sterne!

**Boas.** (hinausblickend)

Wie seltsam! Jener Stern — noch einer dort!
Der wandelnde! Dort, fern am Wolkensaum,
Wie eine milde Leuchte schwebt er jetzt.

**Herodes.**

Ich seh' ihn nicht. (Pause) Im todten Meere soll
Ich baden, — Arzt, gieb einen andern Rath!
Der Hauch Gomorrha's weht dort aus der Tiefe
Und auf den Wassern schwebt ein finstrer Geist —

**Boas.**

Dennoch, — dem Leib oft wie der Seele frommt
Was ihrem tiefsten Trieb zuwider ist.
Lockt dich die düstre Welle nicht, — sie labt
Dich mehr doch, als du hoffst. Tauchst du hinein —
Schon eine Welt von Uebeln deckt sie zu —
Auch deinem wird sie dienen als ein Grab,
Wenn's Gott gefällt —

**Herodes.**

Wenn's Gott gefällt — wohlan!
Gefällt es dir, so thu' ich's auch.

**Boas.** (wieder hinausblickend)

Was ist
Das für ein Stern! Welch eine große Botschaft
Verkündet er? — Langsamer schwebt er jetzt,
Als wär' er bald an seiner Reise Ziel.
Jetzt steht er still! — Ha, welche Nacht ist dies!
Es schweigt der Lärm der Stadt. Ein Frieden senkt
Sich auf die Welt und in das Menschenherz,
Wie ich ihn nie zuvor empfand. Der Hauch
Jehova's wallt dort von dem Berg daher,
Und durch die heil'ge Stille, dünkt mich, von
Den fernsten Hügeln tönt zu seinem Preis
Ein Hirtenlied — — und jetzt — fast ist's, als schallt'
Ein Wiederhall vom mondbeleuchteten
Gewölk herab. — Mein Herr und Gott! Du bist
Uns nah' und siehst erbarmend auf uns nieder.

(kniet am Fenster hin)

**Herodes.**

Du frommer Mensch! Ich fühl's, auch mir verräth
Sich wunderbar der Zauber dieser Stunde,
Doch anders, dünkt mich, naht er mir, als dir.
Ein fremd Gefühl durchrieselt plötzlich mein
Gebein, — der sanfte Hauch, deß heimliche
Gewalt durch Himmel und Erde dringt und dich
Ergreift, ich fühl' ihn wohl, — doch fürchterlich
Ist diese Stille, wie ein bang Geheimniß,
Als ob des Abgrunds schwarzer, stummer Mund
Vor mir sich leis' und langsam öffnete.
Mir dräuend taucht aus seinem finstren Schooß
Jetzt ein gewalt'ger Arm empor, — er greift
Nach mir, — ich wanke, — woran klammr' ich mich!

**Boas.**

Herr, blick' empor.

**Herodes.**

In dieser stillen Nacht
Faßt mich zum ersten Mal, ich mag es kaum
Gestehn, die bleiche Furcht, — ich glaub', ich zittre!

**Boas.**

Der Kranke zittert, Herr!

**Herodes.**

Der Kranke, ja!
Nicht länger täusche mich mein trübes Auge,
Trug ist es, was es sieht, und Recht behält
Das Auge des Gesunden! Fort! Zerrinne
Gespenstisch Bild! Der kalte Odem, der
Mich schaurig überlief, verwehe! Nur
Des Friedens Hauch schwebt auf der Erde rings
Und füllt mit Wonneschauern jegliches
Geschöpf, — auch mich, auch mich berühre sein

Beglückend Weh'n, — ich raffe mich empor
Und gebe schmachtend Brust und Stirn ihm preis!
(stürzt sich an's Fenster)

**Boas.**

Ihr hohen Sterne, seht's! Nach eurer Ruhe
Ringt, ach, vergebens hier ein stürmisch Herz —
Ihr gebt dem brünstigen Verlangen nur,
Der Reu' und Demuth nur gebt ihr den Frieden!

**Herodes.**

Wohl fühlt sich meine Seele schuldgebeugt,
(aufstehend) Doch auf die finstren Pfade trieben mich
Die Feinde stets —

**Boas.**

Wer unter diesen Sternen
Nach Frieden seufzt, Herr, der vergiebt den Feinden.

**Herodes.**

Von deinem Geist im Innersten bewegt,
Thät' ich es gern! — Hast du gehört, ob man
Schamai's Spur entdeckt?

**Boas.**

Nein, Herr.

**Herodes.**

Ich würd'
Ihm heut vergeben, — ach — und meinen Söhnen!
Ich will sie sprechen! (Boas öffnet die Thür)
Meine Söhne! — Freund,
Fast glaub' ich, meine Tage sind gezählt,
Und ihre letzte Spur — dir dank' ich's, daß
Nicht Blut sie färbt.

**Boas.**

Nicht mir.

**Herodes.**

Das Schreckensbild
Entwich gemach aus meiner Seele schon,
Allmählich löst sich auch des Leibes Schmerz, —
Tief athm' ich auf! Mir träuft ein milder Geist,
Ein sanft beruhigend Gefühl in's Herz
Und gönnt mir noch der Erde reinstes Glück,
Zu ruhn — an einer treuen Menschenbrust!

(umarmt den Arzt)

**Joab.** (von der Thür zur Rechten eintretend)

Ein Abgesandter des Augustus.

**Herodes.**

Des
Augustus — Er ist mir willkommen.

## Zweiter Auftritt.

(Der Gesandte mit Gefolge tritt ein.)

**Herodes.**

Was
Begehrt der Cäsar, mein erhab'ner Freund?

**Gesandter.**

Er grüßt dich, Herr, und sendet dir das Haupt
Des hohen Raths, Schamai dir zurück.

**Herodes.**

Schamai! — Von Augustus!

**Gesandter.**

Denn als dein
Ankläger trat er vor den Cäsar, der
Ihn jetzt vertrauensvoll zurück dir schickt.

**Herodes.**

So ehrt er mich! Wie dank' ich's ihm! Er kann

Auf meine Treue zählen. Ehrensäulen
Erricht' ich vor dem Tempel ihm! — Schamai —
Er ist in meiner Hand. — Dein Auge trifft
Mich prüfend, Boas — diese Friedensnacht
Beherrscht mich noch. Ihm ist verziehn. Ich schwur
Es dir! — Entlaßt den Greis sogleich. — (Joab geht hinaus)

**Gesandter.**

So folgst
Du dem Befehl des Cäsar auch.

**Herodes.**

Wie —

**Gesandter.**

Er
Gebietet dir, auf dieses Greises Haupt
Kein Haar zu krümmen.

**Herodes.**

Welche Sprache!

**Gesandter.**

Und
Er fordert dich vor sein Gericht, dich rein
Zu sprechen von dem Uebermaaß der Schuld,
Deren du angeklagt. Die Hand in Blut
Eintauchend hast du diesen Thron gewonnen,
Aristobul hast du erwürget —

**Herodes.**

Schweig!

**Gesandter.**

Der Mund des Cäsar spricht durch mich.

**Herodes.**

Der Mund
Herodes' wirft ihm seinen Hohn zurück.

**Gesandter.**

Judäa's König beuge sich vor Rom.

**Herodes.**

Es ist kein König, wer sich beugt.

**Gesandter.**

Du hast
Des Cäsar Ruf gehört. Mein Amt ist aus. (geht ab)

**Herodes.**

Die Erde breche zusammen und ich selbst
Mit ihr! Vorüber die Friedensstunde.
Es war die schwüle Stille nur, die des
Gewitters Ankunft fürchterlich verkündet.
Es war des Himmels Hohn, der einen Tropfen
Von süßem Trank mir in den Mund geträuft,
Auf daß die Qual des bitt'ren Kelchs der Schrecken
Sich tiefer, wilder stürze mir in's Herz.
Wohlan, ich trink' ihn aus!
Fahrt hin, ihr Sterne! Hinter schwarzen Wolken
Birgt sich der falsche Himmel schon, und ich
Verhüll' ihn ganz vor mir!
(er schließt den Vorhang des Fensters)
Hinweg den Himmel!
Ich bin allein mit mir in meiner Hölle. (sinkt auf das Bett)
Ein Sklave Roms! Gebunden! Unterm Fuß
Des Siegers! Ueberm Haupt — des Todes Dräu'n!
Und alles dies durch tückischen Verrath
Der Kinder, die der Vater heiß geliebt,
Ha, alles dies — durch meiner Söhne Schuld!
Ich ließ sie rufen!

**Boas.**

Herr, sprich jetzt sie nicht.

**Herodes.**

Es ist die rechte Stunde. Rufe sie —
Du zögerst?

**Boas.**

Weh'! Schon hör' ich ihre Tritte!
Und ihrer Ketten jammervoll Geräusch!

## Dritter Auftritt.

(Alexander tritt ein; etwas später Aristo.)

**Herodes.** (zu Boas)

Laß uns allein!

**Boas.** (im Abgehen für sich)

So muß ich Hülfe rufen!

**Aristo.** (eintretend)

Mein Bruder! Seh' ich so dich wieder!

**Alexander.**

So
Erbleichte deine Wang' im Kerker! (sie umarmen sich)

**Herodes.** (für sich, in tiefstem Schmerz)

Ist
Es wahr? Ist's möglich? Dies sind deine Kinder?
Die dich verderben! Nein, es kann nicht sein. —
(die Arme ausbreitend)
Seid ihr nicht meine Söhne? Redet!
(sie wenden sich ab) Ha!
Still, nieder mit des Herzens alter Thorheit!
(kalt) Der Mund der strafenden Gerechtigkeit
Hat über eure Schuld sein Wort gefällt, —
Das Herz des Vaters, wißt ihr, hat bis jetzt
Den Lauf des Spruchs gehemmt, dem ihr verfielt.

Doch eure Herzen sind verschlossener
Als man die Thüren eurer Kerker hält.
Der Reue, jedem kindlichen Gefühl
Wehrt ihr den Einlaß; Wohnung fand bei euch
Allein der Trotz! Mein Haar sträubt sich empor
Seh' ich den Abgrund, dahin ihr mich drängt —
Beugt euch! Bekennt, daß ihr Empörer seid —
Zeigt Reu'! — denn des Erbarmens Maaß ist voll!

**Aristo.**

Ich habe nie geleugnet was ich that.

**Herodes.** (zu Aristo)

Ich kenne dich, du bist der größere
An Tücke! (auf Alexander deutend) Der dort ist verstockter, doch
Sein finstres Schweigen läßt errathen, was
Sein Herz ersann.

**Alexander.**

Ich war im Kerker bei
Schamai. — Seine Flucht, mein Werk ist's nicht!

**Herodes.**

Der ist in meiner Hand.

**Alexander.** (für sich)

Weh'!

**Herodes.**

Du beklagst es!
Daß er das Herz des Freund's, des Cäsar Herz
Mir stahl, und jetzt um deines Vaters Haupt
Gefahr herauf beschwor — beklagst du's auch?

**Alexander.**

Der Zorn des Herrn trifft solchen Vater!

**Herodes.**

Bube!

Aristo.

Die Söhne frag', ob du ein Vater, frag'
Die Römer jetzt, ob du ein König bist.

Herodes. (nach einer Pause)

Ha, dieses Wort war gift'ger, als dein Wein.

Aristo.

Gift? Welcher Mund warf diesen Schimpf auf mich?

Herodes.

Sprich, hast du diesen Wein mir nicht gesandt?

Aristo.

Ihr guten Engel! Der Falernerwein,
Den ich zum Gruß ihm sandte.

Herodes.

Wag' es, ihn
Zu trinken!

Alexander.

Wohl! Auch ich! Wir sandten ihn
Dir Beide.

Herodes.

Beide! So bewährt ihn denn
Zusammen.

Aristo.

Meinem kerkermüden Leib
Sei er vergönnt. (er setzt den Becher an)

Alexander. (hastig)

Laß ab! Hier droht Verrath!

Herodes.

Ihr zaudert, dies zu trinken! Mir's zu senden
War leichter euch. Hinweg. Nichts hemmt den Lauf
Des Spruchs. Er sei vollzogen.

(Joab tritt eilig ein.)

## Vierter Auftritt.

**Joab.** (durch's Fenster zeigend)

Herr, sieh, wie dort das Volk sich sammelt. Es
Begehrt, Mariamnens Söhne frei zu sehn.

**Herodes.**

Der König sprach. Gebietet ihm das Volk? (ferner Lärm)
Ha, welche Töne! Euer Auge leuchtet
Beim Rufe der Rebellen. — Solch ein Licht,
Das zu des Vaters Unheil strahlt, — erlösche!
(halblaut) Sogleich! Hinweg!

**Aristo.** (im Abgehen)

Geliebte Mutter! jetzt
Zu dir!

**Herodes.** (wie eben)

Hinweg!

**Alexander.** (für sich)

Kein Blick mehr von Glaphyra!
(laut) Hört noch den letzten Wunsch des Scheidenden.
Den Dolch, den man bei mir im Kerker fand,
Gebt ihn Glaphyra! (für sich) Daß kein Blut ihn färbt,
Und meine Hand so unbefleckt, wie er,
Ich dank' es ihr! (beide Söhne werden hinausgeführt)

**Herodes.**

Fahrt hin! Kalt weht es durch
Mein Herz, wie nie zuvor.
(fernes Rufen) Ruft nur! Ihr sollt
Sie sehn! (zu Joab)
Wenn's abgethan, zeigt sie dem Volk!
Dann mag es toben, mir zum Zeichen, daß
Vollbracht, was meine Ruhe mir, den Schlaf
Mir wiedergiebt. — (Joab ab)

**Diener.** (meldend)

Das Haupt der Pharisäer
Fleht um Gehör.

**Herodes.**

Schamai? Wagt er es!

**Diener.**

Vergebens wehrt man ihm. Schon tritt er ein.

## Fünfter Auftritt.

(Schamai tritt auf.)

**Herodes.**

Die Natter pflegt, wenn sie uns stach, zu fliehn.

**Schamai.**

Mich schickt das Volk zu dir, das draußen bang'
Nach deinen Söhnen ruft. — Nicht ihre Schuld
War meine Flucht. Durch zwei der Meinen ward
Ich frei, die dir's bekennen — (bittend) Höre sie!

**Herodes.**

Stellt Pharisäerlist dies neue Garn?
Boshafter Feind! Hohnlachender Ruhestörer,
Verführer meines Volkes, meiner Kinder, —
Du wagst es, mir zu nahn?

**Schamai.**

Wohl weiß ich, daß
Ich in des Löwen Höhle trat.

**Herodes.**

Ja, hätt'st
Du tausend Leben! Könnt' ich tausendfach
Erwürgen dich! Doch fesselt meinen Arm
Zu deinem Glück ein Schwur, den höhnisch mir

Ein stiller Augenblick vom Munde stahl.
Mein Wort sei fest. Zieh' hin! Aus meiner Näh'!

**Schamai.** (knieend)

Beherrscher Israels! Du sahst mich nie
Vor dir, wie jetzt! Demüthig neig' ich mich.
Erbarm' dich deiner Söhne! Des edlen Bluts
Verschone! Fehlten sie, so sei die Großmuth,
Es sei des Vaters Herz ihr Richter jetzt,
Und ihre Schuld verziehn!

## Sechster Auftritt.

(Boas, Salome und Glaphyra treten auf.)

**Boas.**

Rettet! Die Gegenwart der Frau'n verscheuche
Die Glut des Zorns!

**Glaphyra.**

Erbarmen!

**Salome.**

Bruder! Noch
Ist's Zeit! Den beiden Pharisäern leih'
Dein Ohr! Erfahre, welch verworfne Hand
Sie leitete!

**Glaphyra.**

Dein Vaterherz verwirft
Mein Flehn für den Geliebten nicht. Er blieb
Dir treu. Wo ist er? Ruf' ihn her!

(heftiges Rufen in der Ferne)

**Herodes.**

Ihr hört's!
Des Volkes Ruf bezeugt euch, — was geschah!

**Salome.** (hinausstürzend)

Ihr Mächte Gottes! Helfet!

**Glaphyra.**

Nimm mich mit!

**Herodes.** (sie zurückhaltend)

Du — bleib! Noch diese Nacht verlaß dies Haus.
Sein unheilvoller Schooß, — er hegt kein Glück
Für dich.

**Glaphyra.**

Du selbst zerstörst es mit Gewalt!
Mir sprengt die Angst das Herz!

(sie geht an's Fenster)

**Herodes.**

An meinem zehrt
Auf's neu' das Feuer!

**Schamai.**

Alles ward erfüllt!
Jetzt zittre! Das Gericht zieht brausend schon
Von fern herauf, das dich zerschmettern wird! (geht ab)

**Herodes.** (nach einer Pause)

Schwebt über mir ein Stern verhängnißvoll,
Und ist's zu spät auch, hören muß ich sie
Die Zeugen — führt sie vor! (geht mit Joab hinaus)

**Glaphyra.** (zu Boas)

O gieb mir Trost,
Du Frommer! Sprich, ob noch der Odem weht,
Der meine Seele mit sich trüge, wenn
Er dieser Welt entschwebt —

**Boas.**

Durch all dies Dunkel, durch den wilden Lärm,
Der uns umbraust, dringt mir geheimnißvoll
Ein sanfter Strahl in das beklomm'ne Herz.

Nicht weiß ich, welchem Licht er angehört,
Doch fühl' ich's tief, er kündet Frieden an.

**Glaphyra.**

In mir ist's dunkel. Keinem Gott gefällt's,
So holden Trost mir in das Herz zu senken!

**Boas.**

Sei ruhig, Kind, was mir gewährt, es wird
Auch dir, dem Bittenden wird's nicht versagt.

## Siebenter Auftritt.

**Herodes.** (zurückkehrend)

Die Schaam verdoppelt meiner Wange Gluth,
Indeß im Schreck und Schauder meine Hand
Zu Eis erstarrt! — Führt ihn herein! Der Mund
Des finstren Scheusals selbst bekenne, welch
Verworfnem Geist er seine Zunge lieh!

(Antipater wird hereingeführt)

Bebt unter seinem Fuß der Boden nicht
In Schaam und Scheu, weil er ihn tragen muß?
Sprich! War des Greises Flucht dein Werk? Bist du
Der Mörder deiner Brüder?

**Glaphyra.**

(nach einem Aufschrei, am Ruhebett niedersinkend)

Der Mörder!

**Herodes.** (zu Antipater)

Sag' nein!

**Boas.**

Erbarmen Gottes! (er neigt sich zu Glaphyra)

**Herodes.** (zu Antipater)

Sage nein!

Wenn deine Lippe schaudert vor dem Ja,

Bezeugt sie, wie sie ungern dir gehorcht.
Die Lüg' ist Gutes hier, zur Tugend wird
Die Lüge hier!

**Antipater.**

Dann bleib' ich bei der Wahrheit!
Der Pharisäer Tugend hab' ich nicht,
Die jetzt der König zu verehren scheint,
Doch, dies erwirbt vielleicht — des Römers Gunst.

**Herodes.** (hastig)

Vertheid'gen kann die Schlange sich nicht mehr,
Doch züngelt sie so lang' sie zuckt, und haucht
Ihr Gift uns zu. — Arglistig Ungeheuer,
Schwer trifft der Fluch mich, weil ich dich erzeugt,
Doch, ihn erleichternd, geb' ich dir den Tod!
(er zückt den Dolch nach ihm, läßt ihn aber fallen)
Mich dünkt, das Blut, das meine Hand schon färbt,
Vermischen darf ich's mit dem seinen nicht.
Reicht ihm den Becher! — Trink! —

**Antipater.**

Dank für die Gunst!
Mein lachend Leben schließ' ich, meiner Art,
Der heitren Art des Epikur getreu!
Dem Saft der Lust entschlürf' ich nun den Tod! (er trinkt)
Den Becher sollt' ich kennen! — Denn er ging
Durch meine Hand —

**Herodes.** (niederstürzend)

Ich ahnt' es! Weh! Befreit
Mich von des Tigers Näh'!

**Antipater.**

Herodes! — Ich
An deinem Platz wär' besser fertig mit
Der Welt, als du, geworden. — Blutig war

Dein Weg, — doch viel zu grad' und offen. Wer
Noch etwas taugt, taugt nicht für dies Geschlecht!

(die Wirkung des Giftes empfindend)

Es dunkelt jetzt! Was aber seh' ich! Fort!
Verfolgt mich nicht bis an des Hades Nacht,
Ihr dräu'nden Brüder dort, ihr blutenden,
Seid still! Ihr habt mich nicht zu fürchten mehr!

(er sinkt außerhalb des Gemachs nieder)

**Herodes.**

Wo bist du, Arzt?

**Boas.**

Herr —

**Herodes.**

Fort! An's Meer! an's Meer!
Und kehr' ich nicht zurück, — was noch verbleibt
Von meinem Stamm, es theile sich mein Reich.

(am Arm des Arztes der Thür zu)

## Achter Auftritt.

(Salome kommt zurück, in höchster Erregung auf Glaphyra zueilend und sie umfassend, dann mit Sicherheit vortretend.)

**Salome.**

Ihr Stürme schweigt! Die Stimme Gottes spricht!
(zu Glaphyra) Auf, klagend Herz, sei frei vom eignen Harm,
Der ganzen Erde Wonne theil' auch du!
(zu Herodes) Der grauen Vorzeit Wort, es ist erfüllt.
Jetzt beuge dich. Der Reue wird Vergebung, —
Der Friedenskönig stieg herab zur Erde.

**Herodes.** (nach einem Schreck, sich fassend)

Schlecht klingt zu meiner Seele nächt'ger Pein
Die Raserei der räthselhaften Freude —
Was trug sich zu?

**Salome.**

Drei Kronenträger stehn
In deinem Saal und harren deiner — geh'!
In deinem Purpur sollst du sie empfangen,
Folg' ihnen dann — und lege deine Krone
Anbetend nieder, dort wo sie es thun.

**Herodes.**

Seltsam! Auch meiner weisen Schwester Mund
Verirrt sich zu dem Wort des Unverstands.
(für sich) Ich ahn's! Die Thorheit eines alten Märchens,
Vom Feind benutzt zu neuem Gaukelspiel.
(er geht hinaus. Boas will ihn begleiten, der König weist ihn zurück)

**Glaphyra.**

Vernichtet! Hin! — doch welch ein froher Laut
Mischt hold sich zu dem finst'ren Chor der Schrecken?
O sel'ger Wohllaut! — Dürft' auch ich ihn hören!

**Salome.**

Heut ist unheilbar keine Wunde mehr,
Und birgt des Abgrunds tiefstes Dunkel dich,
Heut reicht zu dir ein rettend Seil hinab.
Der Tag erschien, von dem die Greisin mir
Im Tempel sprach. Ich sah' die Könige!
Aus fernen Reichen, jenseit jener Grenzen,
Davon ein Wand'rer je uns Kunde gab,
Wies ein geheimer Führer sie hieher.
Fern von einander wohnten sie. Es ahnte
Des Einen Aufbruch nicht der Andere.
Vor ihnen leuchtend aber zog ein Stern
Daher. Ihm folgend, trafen sie sich hier.

**Boas.** (staunend)

Ein Stern —

**Glaphyra.** (für sich)

Der meine sank —

## Neunter Auftritt.

**Herodes.** (im Purpur und mit der Krone zurückkehrend)

Es waren — Könige! — Das läugn' ich nicht.
Wär's möglich, daß auch dies von Menschenwitz
Ersonnen — oder ist's ein mächt'ger Schlag,
Geheimnißvoll von jener Hand geführt,
Die von dem Thron jenseit der Wolkenhöh'
Die Erde lenkt?! — Sei's — dennoch!
(zu den Uebrigen) Ha, ich seh's,
Ihr triumphirt! Ihr Alle jetzt, auch ihr
Seid meine Feinde! Salome — ich weiß,
Dich freut's, das Wort der jüdischen Sibylle
Erfüllt zu sehn. Glaphyra's holder Mund
Labt an dem Becher sich der Rache jetzt;
Boas ist stolz, sich auf die Sterne zu
Verstehn. — Herodes beut den Sternen Trotz!
Des Purpurs mich entkleiden? Mir vom Haupt
Mit eigner Hand die Krone reißen? Wollt's
Ein Gott, — so sagt' er auch warum. Ihr sprecht
So leicht vom Willen Gottes, doch — warum
Ist mir mein Königthum versagt? Wohlan!
Voll Scheu bisher versucht' ich auf dem Pfad
Des Blutes mich. Leicht wandl' ich jetzt darauf.
Jetzt erst betret' ich ihn!
(zu Joab) Dir trag' ich's auf.
Nach jenem Flecken, drauf begierig jetzt
Der Thorheit Auge voller Hoffnung ruht,
Eilst du sogleich, suchst dort — die Spur, — und wenn
Du nicht sie findest — — doch, fast dünkt mich, du
Erbleichst! — Schon gut! — Geh'! — Nicht ein Jeder taugt
Zu solchem Dienst. Doch hab' ich meine Leute.
(Joab geht ab).

Salome.

Herodes!

Herodes.

Bebt nur! Bebt! Im ersten Keim
Erwürg' ich, was die Thoren hier entzückt,
Und müßt' ich hundert Keime mit ihm würgen!
Ja, rief es aus den Wolken bang' mir zu:
Halt' ein! ich würgte himmelstürmend doch!
Bebt! — Und, wie ihr, erbebe die fernste Zeit,
Die meines Zorns gedenkt. Ein Schauer fasse
Noch alle Mütter nach Jahrtausenden,
Wenn, blickend auf des Säuglings zarten Leib,
Sie wonnig träumen und durch ihren Traum
Ein Schreckgespenst, Herodes' Name klirrt.

Salome.

Die Hölle ras't und droht dem Dach des Friedens!
Ihr Engelschaaren, kommt zu seinem Schutz!

Boas.

Nicht lange bäumt er noch sich so empor,
Dann bricht zu neuer Qual sein Leib zusammen.
Laß mich von fern ihm folgen.

Salome.

Sorge, daß
Er bald die Stadt verläßt. Der Hauch des Meers
Umfange kühlend seine Brust.

Boas.

Ich eile! (er geht ab)

Salome. (zu Glaphyra)

Komm!

Glaphyra.

Fort, zu meinem Vater! Keine Kunde
Von dieser Stadt erreiche je mein Ohr.

**Salome.**

Die froh'ste Kunde dringe durch die Welt.

**Glaphyra.**

Das Schwert des Wüthrichs schafft sie um in Schmerz!

**Salome.** (aufblickend)

Der du die Himmel lenkst, und unter'm Gras
Die Blume vor den Schnittern selbst, so dir's
Gefällt, bewahrst — du hütest jetzt das Heil
Der Welt — Dein Auge wacht! (beide ab)

Felsufer am todten Meer.

## Zehnter Auftritt.

(Im Mittelgrunde links ein königliches Zelt. Herodes auf einer Bahre getragen, von Boas begleitet.)

**Herodes.**

Gemach, ihr Träger!

**Boas.**

Herr, wir sind am Ziel.

**Herodes.**

So grüß' ich dich, gieb Lind'rung meiner Pein,
O Meer!

**Boas.**

Laßt vor dem Zelt ihn nieder.

(die Träger lassen ihn nieder und entfernen sich)

**Herodes.**

Nicht
In's Zelt!

**Boas.**

Ich rath' es, Herr. (beide hinein)

**Herodes.** (nach einer Pause hinaustretend)

Hinaus! Hinaus!

Die Schwüle drin — sie mehrt die Gluth in mir.
(er wirft sich auf die Bahre nieder)
Wie sehn' ich mich hinab in's kühle Meer!

**Boas.**

Wart' auf des Morgenwindes frischen Hauch,
Die neue Sonne grüße dich im Meer.

**Herodes.**

Laß mich allein denn! (Boas zögert)
Ich gebiet' es dir! (Boas ins Zelt)

**Herodes.** (allein)

Willkommen, Einsamkeit! Des Lebens Lärm
Stört meinen Schlaf nicht mehr. Ihr Felsen rings,
Zerklüftet wie des wilden Kämpfers Herz,
Ihr finst'ren Wolken, aus der Höh', die ihr
Erstürmt, zerrissen niederhangend — euch
Gesellt sich als Gefährtin meine Seele! —
Das Nachtgewand des Meers, der Nebel, steigt
Empor und webt um mich ein Königszelt —
Komm', Schlaf! Der Söhne Trotz stört mich nicht mehr,
Und ob die bange Schaar der Mütter noch
Mein Ohr betäubt, der Schrei der Säuglinge —
Vollzogen ward mein Wille, der Feind vernichtet!
Der Sieger steigt jetzt aus dem Blutesbad
In's kühle Meer. — Komm', Schlaf, — ihr Träume kommt!
(er entschläft)

## Eilfter Auftritt.

**Eine Stimme** (von der Meeresseite her)

Herodes, höre mich!

**Herodes.** (im Traum)

Ha, welche Stimme!

**Eine Frauengestalt.**
(aus dem Nebel hervorschimmernd und über dem Abgrunde schwebend)

Kennst du dein Weib?!

**Herodes.**

Mariamne! Ja, du bist's!

**Mariamne.**

Der schwarze Nachen steht bereit am Strand,
Der über's Meer aus dieser Welt dich führt.
Tritt ein! Und wende schaudernd noch einmal
Dein Haupt zurück nach jenem heil'gen Ufer,
Das blutig trieft von deiner Missethat.
Vergebens war dein ungeheurer Trotz
Und probte seinen Arm titanengleich,
Vergebens hat er an dem Fels gerüttelt,
Dem unerforschlich tiefen Rath des Herrn, —
Es bäumte sich ein Wurm im Staub empor,
Du bliebst im Staub, ohnmächt'ger Wurm Herodes!

**Herodes.**

Halt' ein, Mariamne! — Weh! — Du tödtest mich.

**Mariamne.**

Sieh dort, — der Römer zieht in deine Burg!
Von deines falschen Purpurs Fetzen noch
Umflattert, steht dein Stamm verdorrend da
Und stürzt zu Staub! — — Doch — dem gesalbten Haupt
Verbleibt die Krone. Höre, wie das Land
Rings jauchzet, — denn, was du verfolgt, entkam!
Du siehst das Saumthier dort auf fernem Pfad,
Auf seinem Rücken das verhüllte Weib —
Es birgt an seiner Brust das Heil der Welt!
Erwach' und jamm're jetzt, Unseliger!
Ich jamm're mit — um dich! (sie verschwindet)

**Herodes.** (erwachend und aufspringend)

Wo berg' ich mich?!

(niederstürzend) Besiegt! Verworfen!

(sich umschauend) Ein heil'ger Wille herrscht,

Ein unbegreiflicher! — dem ich — getrotzt!

(sich aufrichtend und dem Abgrunde zuschreitend, mit erhobener Stimme)

Dein Zorn zerschmett're mich, Allmächtiger!

(er stürzt sich hinab)

## Zwölfter Auftritt.

**Salome's** Stimme hinter der Scene.

Herodes!

(Sie tritt auf gefolgt von Joab. — **Boas** tritt aus dem Zelt)

(in den Abgrund niederblickend) Furchtbar starrt die Nacht mich an!

(sie richtet sich auf und blickt empor)

Herr, halt' uns auf dem schmalen Pfad zu dir!

(dem Morgenroth zugewendet)

Des neuen Tages Sonne steigt empor!

---

## Druckfehler.

Seite 18 Zeile 6 v. u. lies blickt statt bleibt
54 „ 3 v. u. lies Sei statt Sie

MIX
Papier | Fördert gute Waldnutzung
FSC® C083411

Kolibri 360 GmbH
Ferdinand-Jühlke-Straße 7
99095 Erfurt, Deutschland
produktsicherheit@kolibri360.de